符号

江　西　文　化　符　号　丛　书

江西文化符号

江　西　文　化　符　号　丛　书

# 赣菜文化

GANCAI
WENHUA

余　风／著

江西美术出版社
江西人民出版社

江西·南昌

江西符号

# 出版前言

江西“物华天宝”“人杰地灵”“雄州雾列，俊采星驰”，是人文渊薮之地，文章节义之邦。

在历史的眷顾中，文明与智慧在这片古老而富饶的土地上激荡、交融、沉淀、升华，孕育了兼容并蓄、海纳百川、特质多元的江西文化，涌现出辉映史册的杰出人物，积淀了弥足珍贵的人文资源。在整个中华民族的文明史上，江西文化浓墨重彩、影响深远。宋明时期，全盛的江西文化更是成为中华民族文化的结晶和代表。新民主主义革命时期，江西是全国苏维埃运动的中心区域，成为中国革命胜利前进的伟大基地，红色文化璀璨辉煌。这些具有独特魅力的江西文化散发出馥郁的芬芳，蕴含着温润的力量，氤氲在历史的光阴中，汇聚在时代的大潮中，滋润着广袤的赣鄱大地，滋养着广大的江西儿女。

“文化是一个国家、一个民族的灵魂。”为了深入贯彻习近平新时代中国特色社会主义思想，特别是习近平总书记关于文化建设的重要论述，中共江西省委、省政府把文化强省作为重大战略，出台了《关于加快文化强省建设的实施意见》，明确提出到2025年，江西要建设成为在全国具有较大影响的文化强省。《江西文化符号丛书》的出版正是中共江西省委宣传部深入学习习近平新时代中国特色社会主义思想，贯彻落实党的二十大会议精神，推动文化强省建设的一项具体行动。

我们策划出版这套《江西文化符号丛书》的初衷，就是力图将江西符号与江西形象、文化自信和文化思考，一起熔冶进书中，通过底蕴深厚的文字与精美个性的画面，带领人们理解江西文化的内涵，感知江西文化的灵魂，借以给人们梳理出一个清晰的文化发展脉络，提供一个宽敞的文化游历空间，架构一座理解传统文化与先人智慧的桥梁，活化一种历史记忆和时代精神的生动传承。

《江西文化符号丛书》的出版是一项系统工程。丛书选取了相对立体的涵盖江西特色文化基本面的12种文化作为第一辑，已于2021年4月出版，即《红色文化》《山水文化》《陶瓷文化》《书院文化》《戏曲文化》《农耕文化》《商业文化》《中医药文化》8种特色文化，以及《临川文化》《庐陵文化》《豫章文化》《客家文化》4种地域文化。在此基础上我们又梳理出《青铜文化》《古村文化》

《科举文化》《理学文化》《佛禅文化》《道教文化》《书画文化》《赣菜文化》《茶文化》9种特色文化，以及《饶信文化》《袁州文化》《浔阳文化》3种地域文化，共12种，作为第二辑出版。这些都是在江西历史上经过时间检验，已经形成广泛影响，并在较大范围内获得公认的文化成就和文化现象，它们是一道光、一条路，引导人们向光而行，不断续写新的华章。

我们在编撰工作中紧紧围绕“正”“专”“新”“特”“精”“美”来精耕细作。“正”，是指传播正能量，把好政治导向关；“专”，是指既要雅俗共赏、通俗易懂，又要体现学术层面的专业性和权威性；“新”，是指所选内容，不但要注重文化源远流长的历史和发展特征，更要延伸这种文化的美好前景及其在当下生生不息的生命力；“特”，是指文化内容一定要选取最有特质、最有代表性的符号来讲述；“精”，是指选材精、表述精、制作精，以打造精品图书的标准来组织实施；“美”，是指图文并茂，精美雅致，让读者沉浸在美景美物的故事和文化意境中，怦然心动，产生共鸣。

丛书的出版得到了领导和有关方面的高度重视和关心支持。中共江西省委常委、省委宣传部部长庄兆林同志对丛书的编撰亲自部署、具体指导。时任中共江西省委常委、省委宣传部部长施小琳同志，时任江西省人大常委会党组副书记、副主任朱虹同志，中共江西省委宣传部老领导刘上洋、姚亚平同志对丛书的编撰出版给予了悉心的指导。在丛书配图方面，江西省各设区市委宣传部以及江西画报社提供了有力的支持。在书稿审读过程中，中共江西省委党史研究室、江西省社会科学院、江西省文学艺术界联合会、江西省民族宗教事务局、江西省博物馆等众多单位以及南昌大学、江西师范大学等众多高校的专家学者提供了学术上的指导。丛书各册的作者克服了诸多困难，在相对较短的时间内，精心构建框架，广泛搜集资料，创新表达方式，倾情进行写作，为丛书的顺利出版付出了艰苦的努力、巨大的心力。丛书还参考了一些研究成果和图片资料，使用了省内部分摄影家的作品。在此，我们谨向所有支持、帮助过该丛书出版的领导、专家、学者致以衷心的感谢！

限于时间相对匆促，在编撰出版过程中，难免存在缺憾和不足，敬请广大读者批评指正！

丛书编委会

2023 年 1 月

# 目录

CONTENTS

江西文化
符号丛书

**导　言** /001

## 第一章
### 赣菜源流

一、先民食况 /004
二、秦汉初显 /008
三、唐宋转变 /012
四、明清定型 /027
五、当代兴盛 /043

## 第二章
### 赣菜流派

一、源远流长豫章菜 /056
二、闻名遐迩浔阳菜 /068
三、四省通融饶帮菜 /077
四、楚俗播布袁州菜 /088
五、唐风宋韵庐陵菜 /095
六、南北汇聚客家菜 /100

## 第三章

### 赣菜风味


一、赣菜特点 /114

二、取材用料 /121

三、烹饪特色 /130

四、烹饪技艺 /137

五、赣菜品赏 /142

六、吃遍江西 /147


## 第四章

### 饮食民俗


一、日常饮食 /156

二、赣菜宴席 /164

三、年节菜肴 /172

四、岁时食物 /179

五、饮食信仰 /186

## 第五章

### 名人与赣菜

一、秦汉赣菜名初起 /194

二、宋代“老饕”品赣菜 /199

三、英雄情怀入赣菜 /204

四、一代雄豪喜赣菜 /209

五、文人墨客创赣菜 /213

六、红色文化融赣菜 /219

**后　记** /223

# 导言

“民以食为天。”饮食，是“经国之大事”。

“食、色，性也。”饮食，是大众之日常。

饮食是人类生存之必需，人类也在开发食物资源的过程中进步与发展，并不断创造出灿烂的饮食文化。

中国人吃得精彩，吃得精妙，而代表饮食质量与水平的，则是菜肴的丰富多彩与食用享受。

早在商周时期，中国的菜肴谱系已具雏形。春秋战国的齐桓公时期，南北菜肴风味就表现出差异。唐宋时期，南方、北方各自形成饮食体系。南宋时期，不同口味进一步区分，南甜北咸的格局形成。

清朝初年，川菜、鲁菜、淮扬菜、粤菜，被称作“四大菜系”，成为当时最有影响的地方菜。清朝末年，菜肴继续分化，浙菜、闽菜、湘菜、徽菜脱颖而出，形成“四大新地方菜系”，共同构成汉民族饮食的“八大菜系”。这“八大菜系”，一直享有盛誉，延续至今。

其实，随着时代的变迁、食材的变化、口味的变异、人员的变动，“八大菜系”早已不复当年情景。

江西位处长江中下游，素有“鱼米之乡”的美誉。在这块土地上发展和形成的赣菜，虽被粤菜、闽菜、浙菜、湘菜、徽菜等“五大菜系”包围，但她“在夹缝中生存”，被誉为“一山飞峙大江边”，曾被提议将其列为“第九大菜系”。

与其争论不休，不如看看赣菜的现状：

从区位地理来看，江西古有“吴头楚尾，粤户闽庭”之称，与周边地区交往密切，赣菜也得地利之便，博采众长。

从餐饮行业来看，历史上，滕王阁的宴饮，浔阳楼的饮食，赣菜曾经风靡一时，当代的餐饮名店，不断有创意涌现。

从赣菜本身来看，起之久远，食者众多，知名菜肴，名目繁多，近些年更是走出江西，遍及全国，受到广泛关注与好评。

总体而言，赣菜起码有五大特色：

一是取材新鲜。赣菜所选原料，大都产于本地。就近取材，适应当时的季节，让最时新、最鲜嫩、最爽口的菜肴，能够最快端上餐桌。而山清水秀的江西，能够及时提供生态良好、品质上乘、健康放心的食材，为赣菜奠定了坚实的基础。

二是原汁原味。赣菜烹饪，崇尚自然属性，崇尚返璞归真，讲究“因料施艺，物尽其用”，又追求“调味宜淡，不掩本味”。赣菜制作中，主要食材、相关配料、调味用品搭配合理，突出主材，适当调味，把“原料本味”体现得恰到好处。

三是辣求鲜香。嗜好辣味，遍布各地；菜肴辣味，各有千秋。有的辛辣，有的火辣；有的麻辣，有的热辣；有的甜辣，有的酸辣。赣菜辣味，别具风格：一求“鲜”，鲜润、鲜美、鲜爽、鲜浓；二重“香”，香气、香色、香酥、香味。

四是有益身心。古代南方，阴冷寒湿，多有瘴疠，人常犯病。赣菜适逢其时，既解温饱，又能养生。江西又有千年杏林文化，盱江医学发达，“药都”名品集中，“药食同源”，食养融合，赣菜裨益健康，自然情理之中。

五是文化厚重。赣菜历史悠久，是在继承历代“文人菜”基础上发展而成的乡土味极浓的“家乡菜”。历代文坛精英、达官贵人、文人墨客，在品尝过赣菜后无不留下佳话。现当代，红色文化也浸润其中。绿色、古色、红色，使赣菜文化更加厚重与融通。

赣菜的品种，数不胜数；赣菜的口味，魅力无穷。

还是让我们穿越“时光隧道”，了解赣菜淳朴的本色与底色，体验赣菜别样的风味与风采吧！

# 第一章 赣菜源流

GANCAI
YUANLIU

赣菜，又叫江西菜，是江南地区的代表菜，是文人菜与乡土味的融合，是南北菜肴风味的融通，是中国饮食文化的重要组成部分。

赣菜的最终形成，是素有“鱼米之乡”之誉的江西，在饮食风味经历千百年的多次更迭转变，由全省不同区域的地方菜发展、重构而来。赣菜既有整体特色，又富地方个性。

赣菜的不断丰富与发展，与中华民族的饮食历程同步，又有自身的运行轨迹。从历史的发展阶段来看，赣菜的发展，大体经历了五个阶段：先民食况、秦汉初显、唐宋转变、明清定型、当代兴盛。

看
听

# 一、先民食况

食物资源的找寻与开发，可以远溯史前时代，近观当代社会。中国人的饮食，大致经历了从食素到食肉、从生食到熟食等阶段，涉及采集渔猎、谷物栽培、家禽驯化等生产活动，由此发现、发明、创造了许多相关知识与技能。

果腹充饥，食草木之实，从大自然中索取自然形态的食物与饮料，是原始人类的初始状况。《礼记·礼运》云，昔者“未有火化，食草木之实、鸟兽之肉，饮其血，茹其毛”。到了传说中的神农氏时代，上古人由狩猎、游牧发展到农业生产，生活与饮食也发展到农耕时期。

直到燧人氏发明了火，饮食才逐步脱离茹毛饮血，发生了质的变化。生食进化到熟食，主要有炙食、烙食两类。炙食，是把食物架在火上直接烧制；烙食，是用烧烫的石头煨熟食物。熟食口感得以改善，容易消化吸收，有利于增强体质，延长人类寿命。这对人类的进步，具有关键的意义。

从黄帝到夏商，中国人的饮食结构发生了变化。《汲冢周书》说："黄帝始炊谷为饭。"这一时期，主要以肉食、谷食为主，酒醴已开始成为主要饮料。夏禹时的仪狄发明了酒，饮酒便成了习俗。酒以甘美醇香和富有刺激的魅力，给人们带来欢乐。与此同时，食物在果腹的基础上，开始讲究佐料、烹调。《尚书·说命》云："若作和羹，尔惟盐梅。"商周时期，咸、酸两味佐食，表明中国人的饮食开始进入调味阶段。春秋时期，蜜、姜两味也用于调味。多种调料刺激着味觉与嗅觉，饮食为人们带来快感，逐步增添着美感。

江西同样经历过太古的饮食蒙昧时代、夏商饮食文化的萌芽时代。除了果实采集、猎获野兽，当地人还利用江湖捕捞、水稻种植解决食物来源。

江西被誉为美丽富饶的"鱼米之乡"，可以追溯到上古时期。江西气候温暖，日照充足，雨量充沛，土地肥沃，无霜期长，具有亚热带湿润气候的特点，适合水稻种植。江西地处长江中下游南岸，河湖众多，适宜鱼类生长。

中国第一大淡水湖鄱阳湖在江西，与赣江、抚河、信江、饶河、修河五大河流构成江西水系。鄱阳湖流域，《尚书·禹贡》记有"彭蠡"，《汉书》则记为"彭泽"。鄱阳湖由地壳陷落、泥沙不断淤积而成，至1万年前最近一次亚冰

鄱阳湖上渔民荡舟

期结束时，整个盆地河道纵横，汇水变成泱泱大湖，并成为长江流域的宽阔湖泊。鄱阳湖自然条件得天独厚，湖水温暖，水草丰美，有利于水生生物繁殖。捕捞鱼类，是原始社会的食物来源之一。

时至今日，鄱阳湖依然产鱼类 100 余种，以鲤鱼为主，其次为青鱼、草鱼、鲢鱼、鳙鱼，还有独具特色的银鱼，贝、螺产量也较丰。鄱阳湖传统渔业的生产习俗，从远古走来已有数千年的历史，并随着生产实践发展，不断加以改进丰富。例如：禁

万年县出土的陶片修复的瓷罐

湖开港的季节性管理，“河里百样鱼，渔人百样网”的渔具使用，“进九鱼封口，惊蛰鱼开舌”的渔业总结，都符合生态保护和生产规律，也是先民水产食物生产的经验传承。

在江西，先民的食材还有谷物。江西省万年县是人工栽培稻起源地和贡米的原产地，境内大源仙人洞吊桶环古文化遗址的考古发现，使世界水稻生产的历史推到1.2万年前。江西省万年县出土的陶制品，据考证是2万年前的器物。至晚在7000年前，江西已经有以种植水稻为主的农业生产。万年具有地方特色的稻米习俗，逐步形成了歌谣、节令、风俗、耕技的系列民俗文化。这不仅说明，史前数千年，江西就是长江文明的中心地之一；而且证明，江西先民为人类的饮食丰富做出过影响古今的贡献。

## 二、秦汉初显

看

听

先秦至两汉时期的1000多年间，由于农业、手工业的发展，食材更加丰富，烹饪、烹调技术更加多样；东西南北中民族的大融合，中外文化的直接交流，促进了饮食的亲和性与综合性；春秋时期的诸子百家由饮食问题出发，引发了对食物疗疾、饮食卫生的探讨，拓展到人生、社会，以及礼仪、政治的思考。多种因素的叠加，饮食从单纯的果腹充饥，逐渐形成了不断浓烈的饮食文化。在这一阶段，江西的饮食也脱离原始状态，初步展现出昌明的景象。

周代的饮食，《礼记·内则》提供了当时的基本情况。周代的主食谷物与肉类，都比夏商更为丰富。谷类除了原有的粟、稷、黍，麦、粱、稻、菽、菰的产量也逐渐增加，并且多蒸而食之。肉类已有五鼎之食，即鱼、鸟、牛、豚、羊，还有马、鹿、熊、狼等。肉食的制作，出现了“脍”法，即“细切肉，令分散，分其赤白，异切之，已，乃会合和之也”（《释名·释饮食》）。另外，古人经常以肉脯为礼物。肉脯的制作方法，与现代有所不同：十月时，作沸汤浔肉，以椒末姜粉敷之，曝使其干，就完成了。此外，周朝的饮料，已有酒、醴（甜酒）、浆、涪诸种，当时的人们已开始喜爱喝茶。酒经过杜康的改良，已成为宴席必备品；醴也流行于世。饮料除了热饮，也可以冷饮，且有专人管理的藏冰室。

周代食物种类多了，样式多了，饮食已成为一种享受，并寄寓了教化功能。《仪礼》所说的乡饮酒之礼，重相亲睦，明长幼之序，饮食中寄寓伦理道德，使饮食上升为一种文化。在祭礼之际，孔子主张恪守饮食规矩：

食不厌精，脍不厌细。食饐而餲，鱼馁而肉败，不食；色恶，不食；恶臭，不食；失饪，不食；不时，不食；割不正，不食；不得其酱，不食。肉虽多，不使胜食气。唯酒无量，不及乱。沽酒市脯，不食。不撤姜食。不多食。祭于公，不宿肉。祭肉，不出三日；出三日，不食之矣。（《论语·乡党篇第十》）

孔子的论述，可归纳为“二不厌，三适度，十不食”。他主张祭祀之食，一要“洁”，二要“美”，祭祀之心要“诚”。只有如此，才符合祭义的“敬”。并且，这些要落实到具体饮食的各种“礼”规。

秦汉以后，随着国家统一，经济迅速发展，饮食比周代更加丰富，饮食制作和佐料更加多样。当时，人们有了主副食的观念。除主食外，还重视蔬菜、水果和植物油料的搭配食用。汉代的菜肴，更趋向于色香味的追求。汉代人喜爱食犬，狗肉成为肉食中的主流。西汉开国元勋樊哙出身寒微，就是以屠宰肉狗为业。《史记·樊郦滕灌列传》载：“舞阳侯樊哙者，沛人也。以屠狗为事。”张守节《史记正义》解释：“时人食狗亦与羊豕同，故哙专屠以卖之。”汉代饮食，除谷、肉及茶酒外，还有点心。汉光武帝时有“粽”（《续齐谐记》），灵帝时有麻饼（《续汉书》），王莽时有面和粉（《学斋呫哔》），三国时诸葛亮于军中发明了馒头（《事物纪原》）。汉代对美味的追求，还促进了调料的不断发展和变化。《史记·货殖列传》所记的佐料，有蘖麹、盐豉、醯酱、梅酸（后改为醋）。在传统的咸酸两味外，还增加了蜜、蔗汁两种甜味原料。佐料不断丰富，香料除姜桂外，还有张骞出使西域带回来的“荽”。因“荽”是香菜，来自西域，故又称“回香”。

秦汉时期，江西“鱼米之乡”的特色进一步显示出来。汉代司马迁的《史记·货殖列传》描述豫章等楚越之地“饭稻羹鱼，或火耕而水耨，果隋蠃蛤，不待贾而足”。东汉时，江西农业仍以水稻为主，大米品种良好。宜春一些地方“田畴膏腴，厥稻馨香，饭若凝脂”（王孚《安成记》）。

青铜蒸煮器

青铜温鼎

江西因盛产稻米，各地用大米制成的各种美味食物，少说也有一二百种。灿若明珠的鄱阳湖，是我国最大的淡水湖，淡水鱼类丰富，用鱼类等水产食材制成的美味菜肴，不计其数。湖岸生长的一些野生植物，如藜蒿，成了人们春天食用的佳品。此外，江西各地还有丰富的特产，人们利用这些特产原料，制作了许多带有深厚地方特色的食物，使江西的饮食多姿多彩。

赣菜历史悠久，秦汉时期已经初步显露。南昌西汉海昏侯墓室中发现了最早的火锅和装有芋头的蒸煮器，这说明早在西汉时期，江西餐饮就较为发达。据各类典籍考证，赣菜在汉代就有煎、煨、蒸、炖、熏等多种烹饪手法，与当代没有很大的差别。只是现在的技艺，更加成熟和丰富一些。

## 三、唐宋转变

唐宋之际，是中国历史上的文化昌盛时代，也是饮食文化更为发达的时期。唐是开放、包容的朝代，当时的饮食也表现出海纳百川、兼收并蓄的特征。由于对食物的包容和创新，食物的种类更加多样，饮食文化愈加繁荣，饮食习气发生了很大变化。

唐代人以饼和饭为主食，笔记小说《因话录》记载“世重饼啖”。当时，最具代表性的是胡饼、蒸饼和汤饼等。唐代各类史书、小说、诗歌也经常写到蒸饼、煎饼、胡饼、汤饼等。唐代人还喜欢吃粥，原料主要有小麦、大麦、薏仁米，辅料有蔬菜、肉和水果。当时最常见的是冬葵，叫“冬苋菜”；还有“薤”，后世叫“藠头”。调料常用的有花椒、胡椒、豆蔻、桂皮、陈皮，以及葱、姜、蒜和豆豉、豆酱。

唐代人的肉食范围扩大，除马、牛、羊、鸡、犬、豕“六

白切原味羊肉

畜”外，还有鹿、熊、驴、狸、兔等，但以羊肉为主。水产有鳜、鳖、蟹、虾、蛤蜊、蛙等，出现了十分有名的菜“切鲙”，其实就是当今的生鱼片。当时，虽然人们也吃鸡鸭鹅，但不被列入肉类。

唐朝国力强盛，经济发达，文化繁荣，对外交往频繁，宗教信仰兴盛，饮食行业也非常发达。在长安、洛阳、扬州等大城市里，“街店之内，百种饮食，异常珍满”，不同地区、不同国家的水陆珍馔，应有尽有。在民间与业界的双重作用下，唐代饮食文化呈现出民族融合化、宗教化、养生化、艺术化、名品化的总体特征。

所谓“民族融合化”，就是饮食习惯在唐代随着中原内地与西北民族交流而融合发展。大量外来人口的涌入，如苜蓿、菠菜、芸苔、胡瓜、胡豆、胡蒜、胡荽等蔬菜，葡萄、扁桃、西瓜、番石榴等水果，还有胡椒、砂糖等调料，纷纷进入中原。这一时期的交流，不仅带来西域的音乐、舞蹈、服饰，同时带来风格迥异的饮食文化。大块吃肉、大碗喝酒的习惯风靡各地；喜食半生不熟的肥鲜，成为时尚；乳制品的丰富与普及，增强了人的体质。正是这种饮食习惯的变化，唐代男人长得高大威猛，女人丰腴娇艳，并产生了女子以胖为美的审美观。

所谓“宗教化”，指饮食文化融入了宗教观念、食物与文化。唐代，儒、道、释三教并行，各种文化相互争鸣，共同发展，极富活力。一方面，宗教不仅在饮食上对教徒及教职人员制定了具体要求，而且设立了许多宗教节日，用特有的饮食方式举行庆祝活动，教徒必须严格遵守。另一方面，唐代每年近 30 个节日，有不少是宗教性的，或者是与宗教有关联的，融入了大众的社会生活。例如：佛日（佛诞）、道日（道诞、降圣节）、中元节（盂兰盆节、鬼节）等，都有相关的民俗与饮食。这样，又使唐代的饮食文化带有浓厚的宗教色彩。

所谓“养生化”，指饮食与养生更加紧密地结合起来。中国自古有“药食同源”的观念，伴随着中医药的进步，道教作为世界上唯一以养生为宗旨的宗教，它的勃兴，极大地推动了唐代养生文化的发展。当时，养生文化使饮茶普及，让茶迅速成为“举国之饮”，也使水果养生美容成为时尚。同时，养生文化也进入日常的饮食，养生药膳和药酒大量出现。唐代的药膳名目繁多，有饭粥类的，如团油饭、紫米粥、莲子粥；有汤品类的，如人参汤、阿胶汤、绿豆汤、橘皮汤，以及采用各种肉类制作的肉羹。饮用的药酒，则有常见植物泡制的菊花酒、乌麻酒、椒葱酒、苍耳酒、海藻酒，以药用功能著称的钟乳酒、五精酒、五加酒、地黄酒、枸杞酒，还有各种动物骨头、肢体、脏器浸泡的药酒。

所谓“艺术化”，指饮食进入美食阶段，成为专门的学问与艺术。唐人饮食，已有《食谱》，超越了饮食的具体形态与实用功能，而具有艺术的要素，成为既有食用价值又有欣赏价值的艺术载体。

唐三彩釉陶骆驼载乐俑

当时主要的烹调方式，有煏、煮、烤、烧、烙、烫、炸、蒸、脯、腌等，体现了丰富多彩的食材制作技艺。出现了新佐料，如照水油、桃花醋、葫芦酱等，菜肴制作更加精致、美观。据《食谱》记载：禽类菜肴中，鸡有葱醋鸡、剔缕鸡等，鸭有“交加鸭脂”“生进鸭花汤饼”，鹅有“八仙盘”“花折鹅糕”；水产类的菜肴中，鱼有“乳香凤凰胎”“金粟平𫗦”“加料盐花鱼屑”，鳖有“遍地锦装”“金丸玉叶脍”。从制作菜肴方法来看，炙类食物有“升平炙”“光明虾炙”“火炼犊龙须炙”“筋头春”“金装韭黄”“艾炙”“乾炙”；还有油烹食品，如“过门香”。

所谓“名品化”，指唐代讲究创制名品菜肴，创办名牌店铺。为了招揽食客，饮食店往往以特殊风味闻名。韦巨源《食谱》记载：“长安阊阖门外通衢，有食肆，人呼为张手美者”，“随需而供，每节专卖一物，遍京辐辏，名曰浇店”。根据时节，供应不同美食。元旦供应元阳脔，“人日”供应“六一菜”，上元节供应“油画明珠”，三月上巳日供应“手裹行厨”，四月八日供应“指天馂馅”，等等。另外，长安还有专门的糕坊，供应“操拌金糕”“大小虹桥”“木密金毛面”等。因其美食，店铺开设者被“都人呼为花糕员外”。

唐代不仅有饮食名店，连家庭饮宴也讲究专制名菜。《云仙杂记》记载：“熊翻每会客至酒半，阶前旋杀羊，令众客自割，随所好者彩线系之记号，毕蒸之，客自认取。以刚竹刀切食，一时盛行，号‘过厅羊’。”如今，见于史籍的唐代名食有萧家馄饨、庾家粽子，以姓氏闻名；烤全羊、蒸全狗、驼峰炙，以动物为原料；鲤尾、对虾、虾生、龙虾、糖螃蟹、冷胡突、生鱼片，以水产制作；面食则有樱桃饽饹等。至于取自山珍的蒸麝麝、猩唇、熊白、热洛河（以鹿血、鹿肠制作）等，其食材已成当代的保护动物。

唐人十分讲究饮食，影响着社会风气。烹调技艺，成为衡量新媳妇能力水平的标尺。唐代王建《新嫁娘词》写道：“三日入厨下，洗手作羹汤。未谙姑食性，先遣小姑尝。”新媳妇过门的第三天，依照婚嫁习俗，开始下厨做菜。为了了解婆婆喜好，菜肴做好后，先让小姑尝尝味道。由此可见，烹调成为当时评价媳妇的指标，也是媳妇讨得婆婆欢心的重要因素。

宋代都市繁荣，饮食商业化程度提高，烹调技艺更加全面与完善，由南北朝发明的“炒”菜得以成为烹饪的主要方式，使菜肴的色香味更为丰富与吸引人。宋代的饮食文化主要有三个方面的特色：

一是宋代文人开启了关注饮食生活之风。由于宋代文人大多衣食不愁，却对精神生活有所追求，又有较高的文化修养、敏锐的审美感悟，以及探究生活艺术的时间与精力，追逐饮食不失风雅。苏东坡的《菜羹赋》，就把素食写得富有诗意，并与安贫乐道、好仁不杀的美德联系起来。

二是唐代兴起的美食名品习俗，宋代更为日常化与普

遍化。宋代袁褧撰、袁颐续的《枫窗小牍》留下了当时的著名饮食："旧京工伎，固多奇妙，即烹煮槃案，亦复擅名。如王楼梅花包子、曹婆肉饼、薛家羊饭、梅家鹅鸭、曹家从食、徐家瓠羹、郑家油饼、王家乳酪、段家爊物、石逢巴子南食之类，皆声称于时。若南迁湖上，鱼羹宋五嫂、羊肉李七儿、奶房王家、血肚羹宋小巴之类，皆当行不数者。"从北宋汴京，到南宋临安，从主食、点心到菜肴、汤羹，美食名品众多。

三是宋代是市井饮食文化发展的高峰。宋代都市繁华，市井饮食文化主要表现在饮食店铺众多，分类细，服务面广；饮食行业增添了文化色彩；饮食行业的肴馔代表了当时烹调的最高水平（王学泰

《清明上河图》（局部）张择端 / 宋代

《中国饮食文化史》）。宋代饮食有适合不同层次的消费，有符合东西南北中不同地区的口味，还有程序规范、热情周到、体贴入微的服务。饮食行业的美食，“集四海之珍奇，皆归市场；会寰区之异味，悉在庖厨”（孟元老《东京梦华录·序》）。

江西这块富饶美丽的土地，虽然先秦曾被视为“蛮荒之地”，但唐代已经开始兴盛，宋代更是进入文化发展的“黄金时代”。文化的昌盛，自然渗透到饮食文化之中。

唐代，江西饮食文化最有魅力的，是1300多年前，在南昌滕王阁举行的一场宴会。据《唐摭言》记载：上元二年（675）秋，“初唐四杰”之首的王勃前往交趾看望父亲。路过南昌时，正赶上都督

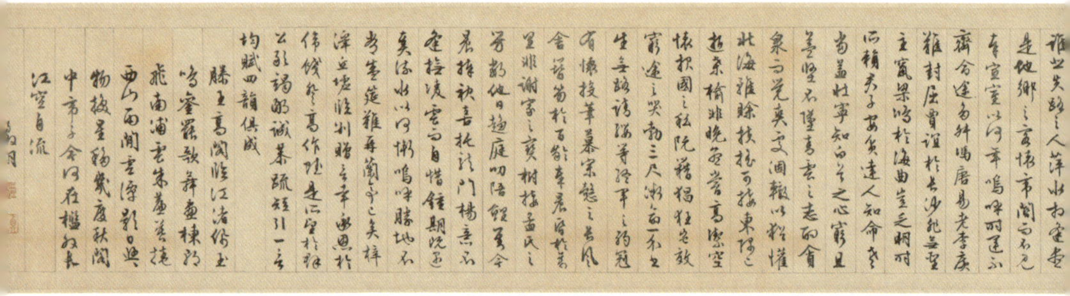

阎伯屿新修的滕王阁建成，重阳日在滕王阁大宴宾客。王勃前往拜见，阎都督早闻他的名气，便请他也参加宴会。宴会上，王勃以对偶严格、声韵严谨之骈体，文思缜密、文采斐然之篇章，以浑然天成、行云流水之气势，思接万里，瞬间成文，写出了脍炙人口、传诵遐迩的名篇《滕王阁序》。这篇佳作，虽然没有罗列宴会的菜谱，却使宴会精彩纷呈的情景，至今历历在目。

《滕王阁序》的第一段，历叙洪州地势之雄伟、物产之珍异、人才之杰出，而后写到宾主之尊贵：

豫章故郡，洪都新府。星分翼轸，地接衡庐。襟三江而带五湖，控蛮荆而引瓯越。物华天宝，龙光射牛斗之墟；人杰地灵，徐孺下陈蕃之榻。雄州雾列，俊采星驰。台隍枕夷夏之交，宾主尽东南之美。都督阎公之雅望，棨戟遥临；宇文新州之懿范，襜

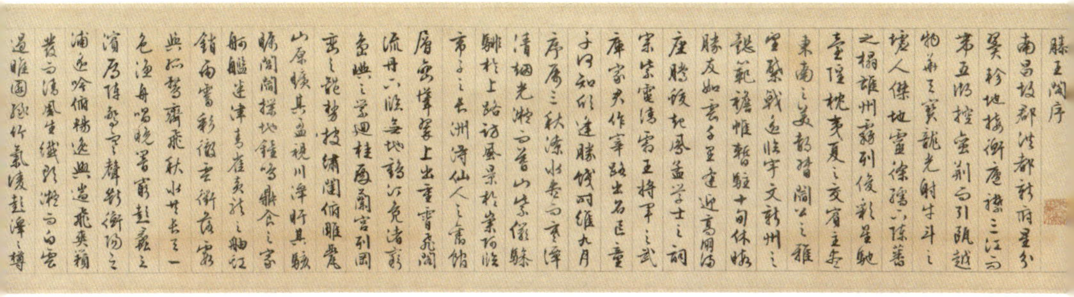

《滕王阁序》文徵明 / 明代

帷暂驻。十旬休假，胜友如云；千里逢迎，高朋满座。腾蛟起凤，孟学士之词宗；紫电清霜，王将军之武库。家君作宰，路出名区；童子何知，躬逢胜饯。

在第二段，写出近览楼阁的壮丽，远眺山川的胜景。接着，第三段正面写滕王阁宴会，由参与宴会的逸兴，引出人生际遇的感慨：

遥襟甫畅，逸兴遄飞。爽籁发而清风生，纤歌凝而白云遏。睢园绿竹，气凌彭泽之樽；邺水朱华，光照临川之笔。四美具，二难并。穷睇眄于中天，极娱游于暇日。天高地迥，觉宇宙之无穷；兴尽悲来，识盈虚之有数。望长安于日下，目吴会于云间。地势极而南溟深，天柱高而北辰远。关山难越，谁悲失路之人？萍水相逢，尽是他乡之客。怀帝阍而不见，奉宣室以何年？

南昌滕王阁景区中的王勃雕像

王勃的美妙篇章，把人们引领到滕王阁宴会的现场：宴会上客人和主人都是东南一带的俊杰，才华出众的朋友多得如云，尊贵的朋友坐满宴席。参加这样的盛宴，远望的胸怀顿时舒畅，飘逸的兴致油然而生。宴会演出时，排箫发出清脆的声音，引来阵阵清风；纤细的歌声仿佛凝住不散，阻止了白云的飘动。今日的宴会很像是当年睢园竹林的聚会，在座的诗人文士狂饮的气概压过了陶渊明；又有邺水的曹植咏荷花那样的才气，文采可以直射南朝诗人谢灵运。良辰、美景、赏心、乐事，四美都有，贤主、嘉宾，难得却得。放眼远望半空中，在闲暇的日子里尽情欢乐。

《滕王阁序》气势充畅而语约意丰，事典繁多而真情实感，1300 多年来深深感染着人们。从另一个视角来看，滕王阁盛宴不也反映出唐代江西饮食文化的高度吗?

在宋代，江西饮食的重要转变，是由农家菜走向文人菜，并且成功地实现了两者的完美融合。而发生这种转变的原因，自然是和欧阳修诗中“区区彼江西，其产多材贤”密切相关的。

江西山清水秀、风景独好，食材数不胜数，美食琳琅满目。不管是本地的文人才俊，还是慕名而来的帝王将相、文人墨客，都品尝与享受过赣菜的美味，又留下了许多千古佳话，影响了赣菜的饮食文化。魏晋南北朝时，陶渊明醉烧“菊花火锅”、许逊热衷“藜蒿炒腊肉”、周瑜疾补“柴桑鸭”，就留存着岁月的印记。唐代的王勃智擒“双层肉”、白居易感怀“思乡鱼”，无不是诗人的历史遗踪。到了宋代，随着全国饮食文化进入昌盛时代、江西在全国文化地位的提升，江西饮食由农家菜完成文人菜的嬗变，也就水到渠成。欧阳修联想“海参眉毛丸”、范仲淹赞赏“鄱湖鱼米”、文天祥义献“文山鸡丁”，都是文化的注入。而张天师制“上清豆腐”，则使赣菜与道教养生联系得更为紧密。至于朱元璋饿吃“流浪鸡”、汤显祖钟爱“冻米肉丸”，以及清代乾隆野游难忘“银鱼肉丝”，都是宋代江西饮食文化向文人菜转向的流风余韵。

在宋代，江西对中国饮食文化奉献的，不仅是食材、菜品，更重要的是饮食思想与观念。这方面，黄庭坚就很有代表性。黄庭坚把饮食的日常细事与治理天下等同观之，近取诸身并联系政治、道德。所以，他为画的蔬菜题词：“可使士大夫知此味，不使吾民有此色。”这虽源自中国文化传统，却又是个人的情感表露。

黄庭坚对于饮食生活与文化的追求，在《士大夫食时五观》一文，表达得全面系统，而又便于落实。他提出的“五观”，一是“计功多少，量彼来处”。在进食时，应该心存敬畏，懂得来之不易。因为农家耕作劳苦，方得一粥一饭 。“何况屠割生灵，为己滋味。一人之食，十人作劳。家居则食父祖心力所营，虽是己财，亦承余庆；仕宦则食民之膏血，大不可言。”既劳动农家，又劳累父祖，还劳苦民众，自应心存感激。 二是“忖己德行，全缺应供”。衡量自己德行，判断是否配用美食。只有“事亲”“事君”“立身”之人才可“尽味”美肴。三是“防心离过，贪等为宗”。从修身养性出发，应该防止“三过”，即“美食则贪”“恶食则嗔”“终日食而不知食之所从来则痴”。四为“正事良药，为疗苦形”。饮食得其正道，才有裨益，否则有害。“举箸常如服药”，得宜才有益，遵章能避害。“五谷”“五蔬”养人，肉鱼养老，是为至理。五是“为成道业，故受此食”。饮食应该简朴，不要纵欲任性，有所节制方是正道。

《士大夫食时五观》是针对当时士大夫的状况所写的，黄庭坚指出：“古者君子有饮食之教。在《乡党》《曲礼》，

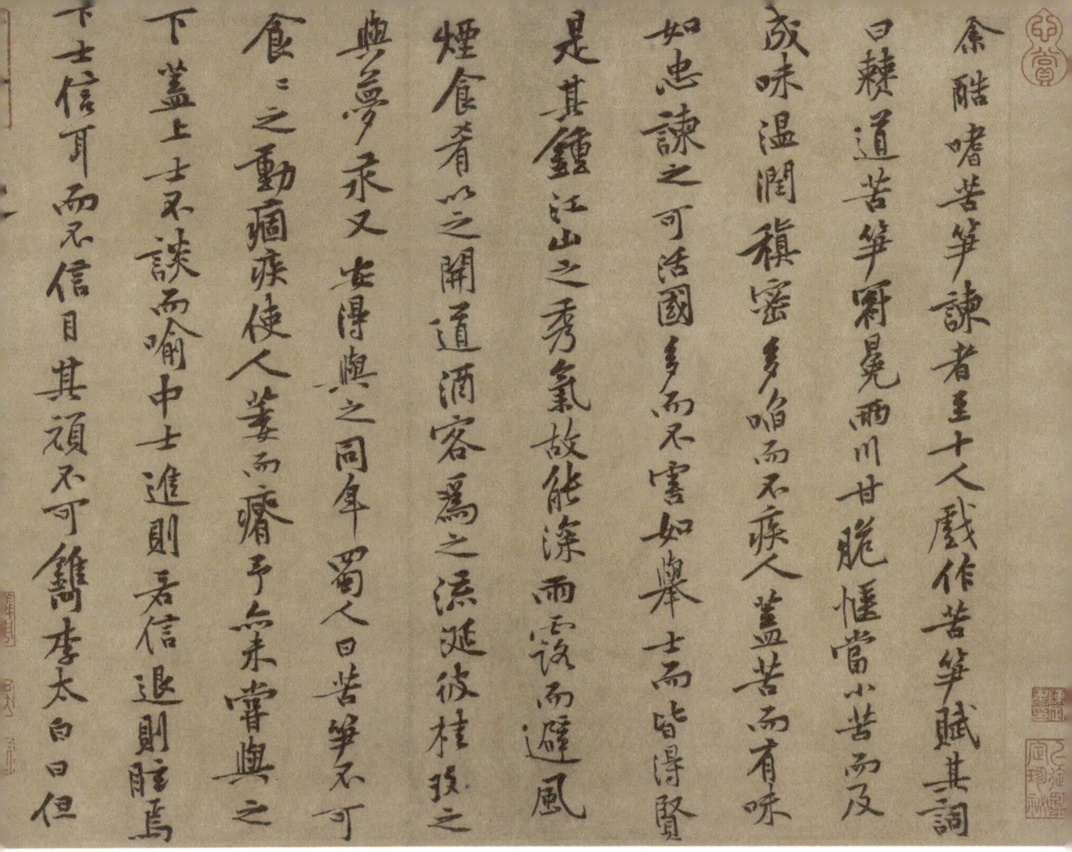

《苦笋帖》黄庭坚 / 宋代

而士大夫临尊俎则忘之矣。故约释氏法，作士君子食时五观云。”黄庭坚认为：士大夫遗忘了《论语·乡党》《礼记·曲礼》中古代圣人的“饮食之教”，故撰写文章提倡“食时五观”，以便进餐或酒宴之时尊礼守范。

由此出发，黄庭坚倡导素食，写有《食笋十韵》《次韵子瞻春菜》等。《次韵子瞻春菜》诗有句：“万钱自是宰相事，一饭且从吾党说。公如端为苦笋归，明日青衫诚可脱。”这反映了他一贯的饮食思想。

当然，黄庭坚的饮食观念，在士大夫中具有普适性。如朱熹说“某观今人因不能咬菜根而至于违其本心者众矣”， 把饮食提升到修身和从政的高度，这与黄庭坚是相通的。他还写有《次刘秀野蔬食十三诗韵》，分别吟咏乳饼、新笋、紫蕈、子姜、茭笋、南芥、蔊菜、木耳、萝卜、芋魁、笋脯、豆腐、白蕈，表达对蔬食的喜爱与推崇。其诗有句：“小草有贞性，托根寒涧幽。懦夫曾一啜，感愤不能休。”自有言外之意、韵外之旨。另外，宋代江西人氏中的洪适、杨万里，以及江西诗派的韩驹都有诗作赞美素食，认为与清高之风和所行之道契合。

## 四、明清定型

明清之时，随着社会经济的发展，商品经济出现了前所未有的活跃势头。地域性商帮的足迹遍及大江南北，促进了商品的流通；从中国港口出发的船只，漂洋过海驶向世界；从中国武夷山到俄国圣彼得堡，继而直达欧洲腹地的万里茶路。财富的增加与对富贵的追求，刺激着社会风尚与饮食文化的变化。在江西，民间饮食结构的定型与外来文化的影响，一直如影相随，并且延续至今。

在全国范围内，由于文化的交流，食材进一步丰富；主食的扩展，提供了更多的可能与选择；发酵技术的运用，创造了花样繁多的新型美食；以调味为中心的烹饪观，进一步提升了炒菜技艺；不同地域菜系的形成与发展，人员流动范围的扩大与饮食习俗的沉淀和融合——这些都促成了明清时期饮食文化大发展。

江西在宋代的文化鼎盛，自明代中期之后，虽依然具有风采，却不再独领风骚。面对全国饮食文化的激荡与变化，江西呈现出沉稳而渐进的态势。这一时期，江西饮食文化的定型，体现出六个方面的特点：

## 保持食物就地取材的优势

全国四大米市、五大茶市、四大名镇，江西均占一席。明清时期，由于水路运输具有天然优势，江西处于九省通衢的地位，各种食材易于通过商贸取得。但是，江西本质上还是自给自足的自然经济占据主导，所以江西菜肴制作的主要材料，依然是就地取材。其中，赣东北是赣抚平原，有着“天下粮仓”“鱼米之乡”美誉，渔业发达，盛产稻米；

军山湖大闸蟹

莲花麻鸭

赣中南是吉泰盆地，多为丘陵与盆地，农牧副渔发达；赣西多山，盛产山珍野味。丰富的物产，为赣菜在选材提供了源源不断的物质条件，著名特产食材有乐平猪、玉山黑猪、高安黄牛、宁都三黄鸡、崇仁麻鸡、泰和乌鸡、莲花麻鸭、鄱阳湖银鱼、军山湖大闸蟹、鄱阳湖藜蒿、弋阳雷竹等。

## 形成米饭为主的饮食结构

明清时期，江西民间饮食结构是以米饭为主的一日三餐，以“一稀两干”为搭配。不同收入的人家，在不同的收成年头、不同的季节时段，也会从实际出发，采取两餐制。

这种以米饭为主的餐制结构，与江西的粮食作物生产密切相关。江西种植粮食的历史悠久。由于气候的因素，江西适合种植水稻，而小麦种植较少。乾隆《会昌县志·土物》记载：“会邑三十年以前田种翻稻者十之二，种麦者十之一。”为了解决人多粮少的问题，至清代乾隆时期，江西已经普

鄱阳湖银鱼

主食米饭

遍栽种双季稻。水稻的普遍种植，形成了民间以米饭为主食的饮食特点。烹饪方式一般是将稻米煮熟、蒸熟，或者用来熬粥。

此外，一些其他作物也可替代大米作为主食，如荞麦、芋头、黄豆、绿豆、红豆、黑豆等。明代中后期，玉米、土豆、番薯等作物率先传入了福建、广东一带，并迅速传入赣南、赣东北、赣西北山区。这些作物除了充作主食，还有其他多种用途。例如红薯既可以生食或蒸熟，作为主食又可以切片晒干，作为零食；还可以磨粉，制成薯粉，作为制作其他菜肴的辅料；或者是制成薯粉丸，作为主食及汤品。这些作物，丰富了民间的主食种类。

## 肉类与水产为重的菜肴制作

在菜肴制作方面，江西大多是就近取材，自产自销的家畜、家禽和水产是主要选择。日常饮食吃肉的频率，是家境是否富有的重要标准。比较清贫的人家，日常饮食较少吃肉，逢年过节才能享用肉食。

江西农村普遍饲养家畜，甚至城里人也有养猪的。养猪的饲料，大多是野菜、野草、米糠、枯饼。但是，也“闻江西、广西地方竟有以米谷饲养豚豕者”(光绪《江西通志》)。穷人家的孩子，小小年纪就要去“打猪草”，大些还要“煮猪潲”。煮好的猪潲，猪是不是喜欢吃，关系着长膘的速度，所以养猪也是要有技术的。

家禽的饲养，鸡、鸭较多，也有养鹅。江西多数地方一般食用鸡肉，南昌等地也讲究食用鸭肉。此外，江西少数地方还养殖食用肉狗。

明清时期，江西鱼类品种丰富，仅南昌府就有东湖鱼、丰城金花鱼、进贤银鱼、瑞河口的麦鱼、象牙潭的鲥鱼和鲈鱼。金花鱼“味最肥美”（康熙《江西通志》）。著名的银鱼，身体细长，“最细者佳”，适合老人、小孩食用。九江府出产鲔鱼和鳣鱼，还有螃蟹。

在明清时期，普通民众一般只有逢年过节才会杀猪。平时，多是“当圩”时才能买肉，或者吃腊肉、腌肉。逢年过节时祭祖、祭神，要用新鲜猪头、猪肉和全鸡、全鱼进行供奉。

红辣椒

## 嗜好辣椒成为口味主流

辣椒在中国为舶来品，来自拉丁美洲热带地区，原产国是墨西哥。

明朝末年，辣椒传入中国，被运用到饮食中，并受到广泛的欢迎。其普及速度，甚至超过了辣椒的发源地拉丁美洲。辣文化在中国已经有 400 余年的历史，如今，主要分布在四川、湖南、江西、贵州、云南、陕西，以及河南、河北和内蒙古的少数县区。

明清时期，江西成为嗜好辣味的地区。之所以如此，有着多方面的原因：

辣椒传入中国之前，我国已经有许多种类的辛味作料，如花椒、桂皮、丁香和葱、姜、蒜等。“五味调和”是中国饮食文化的精要，《周礼》中就记载：

辣椒炒肉的烹饪

“五味，醯、酒、饴蜜、姜、盐之属。”五种食物，分别代表着酸、苦、甘、辛、咸五种味道。上古时代，人们已经运用这些食料调味。而且，古代还把五味与五行联系起来，将中国饮食文化更加哲学化、科学化、理性化、艺术化。辣椒的传入，正与“五味调和”相契合。

任何物产成为食材，都和其功能性有关。辣椒的功效，明代末年姚可成编的《食物本草》就明确记载：“消宿食，解结气，开胃口，辟邪恶，杀腥气诸毒。”清代龙柏《药性考》也记载：“温中散寒，除风发汗，去冷癖，

余干辣椒炒肉

行痰逐湿。”清代赵学敏《本草纲目拾遗》引用《百草镜》的记叙：“洗冻瘃，浴冷疥，泻大肠经寒澼。”还进一步列举案例，并分析功效原因：“辣茄性热而散，亦能祛水湿。有小童暑月食冷水，卧阴地，至秋疟发，百药罔效。延至初冬，偶食辣酱，颇适口，每食需此，又用以煎粥食，未几，疟自愈。良由胸膈积水，变为冷痰，得辛以散之，故如汤沃雪耳。”可见，食用辣椒是理性的选择。

江西吃辣，还与环境气候和饮食习惯有关。江西位于中国东南部，在长江中下游南岸，地形以山地、丘陵为主，盆地、谷地广布，亚热带温暖湿润季风气候显著，四季变化分明，冷热差异较大。江西以鄱阳湖为中心呈向心水系，江湖众多，溪泉密布。这样的气候与环境，人体容易寒湿，饮食中的辛辣，能够调节、改善身体状况。传统饮食的辛味作料，能够刺激味蕾，给健康带来益处。辣椒具有更鲜明的口感，又具有养生功能，进入江西食谱，自是情理之中。

## 食材处理与储存方式的完备

明清时期，江西已经具有储存与保管食材较长时间的完备方法。根据食材不同，采取的方法也不一样。其主要方式有晒干、腊制、烟熏、腌制、制酱等。

肉类食材，一般制成腌制品，或者肉干、肉酱。在冬天临近时，人们把肉切成条状，抹盐晒干，制成腊肉，或者吊在灶头，进行烟熏，制成烟熏肉。还有的用五花肉，

萍乡烟熏肉

加入各种调料，做成香肠。江西冬季气温低，雨水少而干燥，适合采用这些制作方式。腊肉的保存时间较长，往往能够吃一年。另外，江西还出产各种肉酱，即将肉类剁碎，加入盐、酒、葱、椒等调料制成，有猪肉酱、兔肉酱等。一种叫作“红白凝酥”的小吃，也是用盐腌制的食物。

家禽食材的储存，最常见的是制作板鸭。江西的“南安板鸭”，早在明代已经出现。这种腌制的鸭子，皮薄美观，呈乳白色，肉质紧密，细腻嫩滑，咸香可口，是广受好评的美食。因其成品身形圆润，形状像板子一样平整，故称“板鸭”。“南安板鸭”至今仍然是江西特产，与福建建瓯板鸭、

江苏南京板鸭、四川建昌板鸭，并列中国传统“四大板鸭”。在江西民间，家庭制作板鸭、卤鸭也很常见。

鱼类等水产品的储存，江西也采取晒干、烘干、制酱的方法。例如小鱼烘干保存的方法，“石鱼，小不及寸，烘干久蓄，其味最美”。“鲊”是一种用鱼制的酱，方法是加入盐、调料等腌制鱼，再封入瓷罐中，可以储存很久，而且风味独特。多地方志中，都有“鲊”的记载。

其他类型的食材，也会采取适宜方法制作。例如，蔬菜有用盐、酱等腌制的，同治《余干县志》就记载在清明节前，民间将芥菜切碎成末腌制，或者蒸晒做成浸菜。山珍之中，“冬笋，冬春皆挖取，冬产者良。河口镇烘干经年不坏曰笋片”（光绪《江西通志》）。这里提到将冬笋挖出来后烘干保存，既能够延长笋的保存时间，又可以保存笋的口感和风味。江西还有晒干、压扁的板笋，以熏制方法制作的烟笋等。至于辣椒，则有晒制的辣椒干、磨制而成的辣椒粉、制作加工的咸辣酱。辣椒酱制法，清末民初被王鸿禄改良，并制成“德福斋辣椒酱”，1915 年在首届巴拿马太平洋万国博览会上获得金奖，江西的特色产品在世界美名远扬。

南安板鸭

## 外来文化对江西饮食的影响

在清代，外国饮食文化的传入，也对江西本土饮食习俗产生了一定的影响。这方面最有代表性的是位于长江中游的港口城市九江市。这座有 2200 多年历史的江南名城，系“三江之口，七省通衢”之地，有“江西北大门”之称。

1858 年，因《中英天津条约》的签订，九江同汉口、镇江、南京等一起成为通商口岸，设立了九江租界、庐山租借地。租界建立以后，居住九江的外国人增加，海外的食物、饮食习惯也随之传入，与江西本地的饮食文化进行碰撞融合，新的饮食习惯迅速传开。

首先，是外国食物的引入。西餐中的主食“面包”，包括用小麦粉制作的白面包、用燕麦粉制作的黑面包，都进入了中国。江西在清末民国初年，已经有食用面包的记录。另外，“布丁”这种用面粉、百果、鸡蛋、油、糖混合制作而蒸熟的食物，也出现在江西的餐桌上。饮料方面，从西方传来的除了咖啡，还有啤酒和葡萄酒。

其次，是西餐用餐方式的传入。早在光绪初年，吃西餐的习俗便通过商埠商人流传开来。到清末宣统年间，吃西餐在江西已是常见之事。西餐餐具的刀、叉和勺子，需要右手持刀，左手执叉，江西人握惯了筷子的手，开始还感觉别扭，随后慢慢娴熟，运用自如。

最后，是西方饮食文化的影响。西餐入座的讲究，男女主人分坐在长餐桌的两端，其余客人坐在两旁。最靠近女主人右手的位置为最尊客人位，靠近女主人左手边的次之，靠近男主人右手的再次之，以此类推。这种坐法，与中国传统不同，但也为江西人所接受。西餐进食的规矩，吃完一道菜将勺子、刀叉放在盘中，表示进餐完毕，然后继续下一道菜。在就餐时，不许将刀叉弄出声响，也不能大声咀嚼

西餐主食面包

和剔牙。正餐完毕，提供饮料和点心，一般是咖啡和涂了牛油或果酱的面包。享用完点心、果品，吸烟完毕，客人取餐巾擦净口、手，向主人鞠躬致谢，才完成就餐。西餐的整个流程，初时江西人颇觉新鲜，但很快就习以为常了。

清末民初的江西，不仅是九江，包括南昌、赣南地区的饮食文化，以及发式、服装等，也逐步吸收西方习俗。而一些中国原来就有的食物，也吸取外国元素，有了新的演绎。

当然，文化交流与影响是双向的。明清时期，江西文化自然也给予西方影响。例如江西盛产优质茶叶，源源不断地出口到国外。晚清时期，江西产的西餐专用瓷器、器皿，供给外国皇室使用。景德镇瓷器早已传向国外，成为西餐桌上必不可少的装饰品和餐具，为西式饮食增添了中国韵味。

## 五、当代兴盛

20 世纪 70 年代之前，江西和全国其他地方一样，经历过物资匮乏的年代。随着改革开放的推进，中国日益富强，物资日益丰富，人民群众的幸福感越来越强，饮食方面也从解决温饱逐步走向对美好生活的追求。江西在饮食文化方面，迈出了极有发展意义的“三大步”。

### 赣菜进京

20 世纪 80 年代，赣菜从地方风味升级为国宴佳品。虽然在历史上，赣菜颇负盛名，有文人墨客的加持，有众多的食客，却因近现代以来江西文化影响力的下降，以及江西人的内敛性格与不事张扬，而“藏在深山无人识”，芳香只能够自赏。1983 年的赣菜进京，成为地方风味升级为国宴佳品的重要契机。

当年 11 月，“全国名厨师烹饪技术表演鉴定会”在首都人民大会堂举行。这场由中国饮食服务公司主办的活动，名厨大腕汇集，美菜佳肴众多。江西 20 余位一流厨师组成的代表团进京参加活动，30 道赣菜随团首次集体亮相北京。其中，有乡土风味的“家乡肉”，也有久负盛名的“三杯鸡”，还有举世珍品“清炖泰和鸡”“蒸荷包红鲤鱼”等。赣菜的烹饪技术表演，获得广泛好评，使首都人民了解了赣菜风味，在京赣籍人士也尝到了家乡口味。

表演结束后，11 月 18 日至 22 日，江西名菜又在北京鸿兴楼饭庄展销。这次展销，立足江西风味，突出江西食材，展现江西餐具。菜品主要的原材料，都由省内选定直接运京。

井冈烟笋

宁都三杯鸡

展销活动受到老一代中央领导人的青睐和称赞，代表团全体人员因此受到接见。老一代中央领导人在品尝赣菜后，留下了“鄱阳湖水产，井冈山山珍，景德镇瓷具，江西厨师，称誉全球”“赣菜风味独特，原汁原味，名不虚传”等赞语，并对赣菜的发展指明了方向：“江西菜口味不低于全国的名帮菜，要注意保持江西菜的独特风味，更好地总结提高。”

在此期间，还有美国、日本、德国、瑞典等国家的 20 多位外宾先后前来品尝了江西菜，他们都对赣菜独特风味赞叹不已。

后来，赣菜代表团又接受邀请前往钓鱼台国宾馆进行烹饪表演，佳味引人，好评如潮。“三杯鸡”“海参眉毛丸”

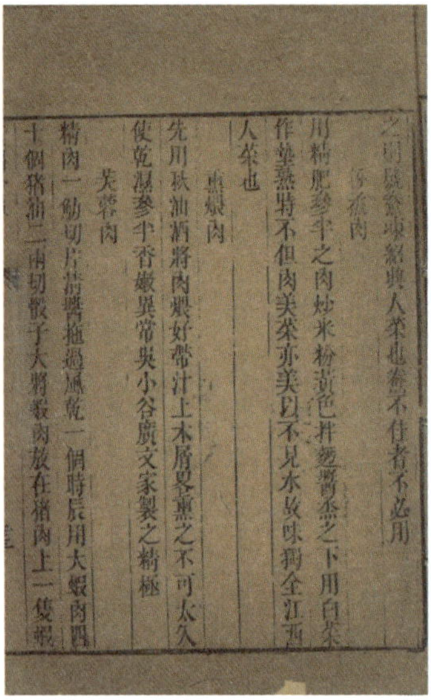
之[illegible]人菜也[illegible]不佳者不必用
粉蒸肉
用精肥參半之肉炒米粉黃色拌麪醬蒸之下用白菜
作墊熟時不但肉美菜亦美以不見水故味獨全江西
人菜也
熏煨肉
先用秋油酒將肉煨好帶汁上木屑略熏之不可太久
使乾濕參半香嫩異常吳小谷廣文家製之精極
芙蓉肉
精肉一觔切片清醬拖過風乾一個時辰用大蝦肉四
十個豬油二兩切骰子大將蝦肉放在豬肉上一隻蝦

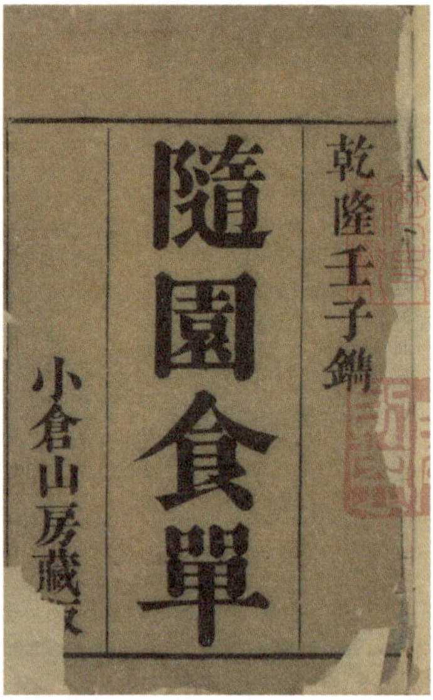
乾隆壬子鐫
隨園食單
小倉山房藏板

清袁枚《随园食单》

等赣菜被列入国宴菜谱。1988 年，南昌市与北京市合作，在京开设第一家赣菜风味餐厅，赣菜品牌逐渐在北京唱响。

## 赣菜整理

20 世纪末到 21 世纪初，赣菜从零碎记忆走向系统集成。江西菜肴虽然久负盛名，赣菜概念的提出却较晚。直到 1983 年赣菜进京后，人们才称江西菜为赣菜。其实，早在清代乾隆五十七年（1792），清代著名文学家、美食家袁枚撰写《随园食单》，介绍从 14 世纪至 18 世纪流行的美食佳肴，就记载了江西名菜“粉蒸肉”。 但长期以来，赣菜仅有名品，未成体系，只有师徒间技艺的传授，以及口耳相传的菜肴故事，而没有系统的整理。

1980 年，南昌市饮食服务公司出版《南昌菜谱》，第一次对赣菜进行系统归纳。1986 年，江西省商务厅编写《江西名菜谱》，收录肉菜、水产菜、禽蛋菜、野味菜、甜菜、素菜、豆腐菜、其他菜等共 209 种。1991 年后，南昌市餐饮烹饪行业协会出版《赣菜文化名典》《赣菜典故趣闻》《赣菜菜肴故事》，收录整编 100 多个赣菜典故，进一步丰富了赣菜饮食文化。2006 年，江西省烹饪协会出版《中国赣菜》，挑选 461 道菜点，包括 439 道菜肴和 22 道面点。该书对每种菜点的文化典故、原料选取、制作方法、菜品特点等详细介绍，颇为全面。

赣菜的系统集成，还要得到社会认可。正因为如此，赣菜厨师积极参加国际国内各类餐饮赛事活动。2003 年，在“第十三届中国厨师节”，赣菜整体亮相，获得中国名菜、名点、名宴金牌奖 288 个，得到了海内外烹饪大师高度赞赏，令人刮目相看。

### 赣菜新变

进入 21 世纪以来，赣菜从传统技艺转变为多味融合，迎来新变。随着生活节奏的加快、市场经济的发展，传统赣菜面临着挑战与机遇并存的局面。一方面，为了适应快捷餐饮需要，许多传统技艺采用现代工艺，如小火慢焖变成高压锅快炖，新鲜食材换成半成品菜，入味着色更偏重工业调味。这样做，虽然提高了上座率和收益率，却降低了赣菜特色与部分美味。另一方面，从 20 世纪 90 年代开始，粤菜、川菜、湘菜等外来菜系先后迅速占领江西餐饮市场，由此触动了赣菜餐饮的竞争意识推动了赣菜创新融合的发展。

面对消费者对赣菜美味的追求，外来菜系的有力竞争，赣菜餐饮在注重传统特色的基础上，迎合市场需求，不断探索创新，朝着既符合现代餐饮消费潮流，又适合江西风俗习惯口味的方向发展。赣菜改变过去菜肴偏咸、尖辣、重色、多油、浓芡的特点，开发出更多调味的技法、技巧和新型口味，注重突出菜肴的本味和复合美味，提升了赣菜档次和水平，丰富了赣菜的文化内涵。同时，赣菜餐饮吸纳外来菜系的优势特色、饮食文化、营销策略，创造与创新江西餐饮的名牌，增强餐饮行业的整体实力与美誉度，出现了一些颇具名气并经久不衰的品牌。

近 20 来年，赣菜餐饮得到多方面的助力。江西省委、省政府的大力支持，社会的期盼与参与，使赣菜不断展现出新的活力：

2007 年，在“中国杭州西湖博览会美食节”上，赣菜崭露头角，成为除东道主外获得奖项最多的外地菜系。

2010 年，江西省委、省政府出台《关于进一步加快发展餐饮业的意见》，大力实施“赣菜千亿产业计划”，推动了赣菜较快发展。

“十大小吃”之萝卜饼

“十大小吃”之黎川芋糍

“十大小吃”之安远三鲜粉

“十大小吃”之碱水粑

2010年，“赣菜品牌四百工程”的实施，培育与打造了一批具有鲜明地方特色的赣菜名菜、名点、名师、名店。

2011年,江西评选出“游客最喜欢的十大赣菜”。

2012年，《中餐前厅服务规范》《江西饮食传承人与传承技艺赣菜红酥肉》《南昌米粉烹饪技艺规范》等系列地方标准的先后制定，促进了行业规范化的发展。

同年，联合中国饭店协会、南昌市政府和上饶市政府，先后成功举办“首届中国赣菜美食节暨第二届饶帮菜美食文化节”“第二十届中国美食节暨

“十大小吃”之井冈山糍粑

第二届赣菜美食文化节”等系列活动，进一步宣传推广赣菜，提升了赣菜在全国的知名度、美誉度和影响力。

2020年，江西省商务厅评选了“十大名菜”“十大小吃”，并发布了《江西省赣菜品牌三年行动计划》，进一步提升了赣菜的知名度，明确了今后行动计划。

江西在引导餐饮企业加快转型、规范餐饮消费市场秩序、进一步优化餐饮业消费环境等方面，也扎扎实实做了工作，并取得令人瞩目的成绩。

“十大小吃”之瑞州烧卖

“十大小吃”之南昌瓦罐汤

“十二五”和“十三五”期间，江西省餐饮业营业额连续保持两位数的增长，2017 年顺利突破千亿元。2019 年，全省餐饮业营业额 1337.88 亿元，同比增长 13.8%。截至 2019 年底，全省共有餐饮经营单位约 22 万家，其中取得食品经营许可证的约 13 万家，取得食品经营登记证的小餐饮店约 9 万家。

以赣菜为主角的江西餐饮企业，“走出去”也取得明显成效。全国一些大城市，如北京、上海、广州、深圳等都有赣菜餐馆。广东、浙江、福建、湖北、湖南、安徽、广西、贵州、山西等省（自治区），甚至已经有数十家赣菜餐馆和连锁店。江西米粉出口额和出口量居全国第二，南昌瓦罐汤已经走向海内外。2019 年，中国饭店协会和网络平台联合发布的“数字美食榜单”显示，赣菜位列“消费者喜爱的前十大中国菜系榜单”第 10 位。

“长风破浪会有时，直挂云帆济沧海。”从历史走来的赣菜，立足当下，面对未来，有着再创辉煌的无限潜能与可能！我们寄予厚望！

# 第二章 赣菜流派

GANCAI
LIUPAI

在历史的长河中，江西饮食有着多元结构。赣菜流派是指在不同的地区，受自然条件、区域物产、饮食嗜好和民间风俗等诸多因素影响，菜肴形成并流行的独特风味。由于地方风味多样，各具特色，却又彼此交融，相互依存。古今行政区划屡有更迭，要辨析差异，且将赣菜分为六大流派：豫章菜、浔阳菜、饶帮菜、袁州菜、庐陵菜和客家菜。其名称选择，尽可能采用区域古称，以见历史文化底蕴与饮食习俗的关联。

## 一、源远流长豫章菜

“豫章”是南昌的古称，因为是豫章郡、豫章国的治所，古代典籍中将南昌城称为豫章城。“豫章”是汉朝至唐朝的行政区划名，始于汉高帝初年（约前202）时，设豫章郡，郡治南昌县。后在东汉、三国、两晋和南朝时期，豫章郡、豫章国大致相当于今江西省北部（吉安以北）地区的地理单元。故唐代王勃《滕王阁序》中有“豫章故郡，洪都新府”之说。豫章菜，是指今南昌地区的饮食菜肴。

南昌以“南方繁荣昌盛”而得名，其位于鄱阳湖与赣江交汇处，河网密布，自古富庶，饮食文化源远流长，有着数千年的历史积淀。《后汉书·豫章记》中记载“嘉蔬精稻，擅味八方”；唐代王勃《滕王阁序》形容南昌“物华天宝”“人杰地灵”。在众多文人眼中，以南昌为中心的赣菜早已是中国重要菜肴。

南昌滕王阁

南昌菜肴的形成，有其独特的自然环境与历史文化因素。自古以来，南昌虽然是整个江西地区的地理要冲和行政重心，但一贯以物产富饶与农业发达著称。

江西被称为“吴头楚尾”，故南昌饮食文化中可以寻找到吴、楚、越的特点。吴人喜食甜糖，部分赣菜倾向吴菜风味，如红烧肉、糖醋鱼之类会放糖调味增色。楚国属地的湖南、湖北喜食辛辣，南昌人亦嗜辣，且辣味更重，又与楚味融通。而南昌人爱吃虾、蟹、螺蛳、花蛤、蛏子等生鲜，则与越人（百越）风味雷同。这些大相径庭的饮食风尚，在南昌自然而然地融为一体。

南昌有赣江、鄱阳湖水运之便捷，自古就是重要的交通枢纽。江右商帮走南闯北，商人、旅客来昌众多，东西南北的饮食文化传入，并与南昌原有的烹饪相融合，形成了新的饮食形态。例如北方的饺子在南昌，水煮时喜欢加入葱花、姜末、辣椒粉调味。锅贴到了南昌，也变得油多料重。

南昌饮食文化博采众长，把儒释道理念融入其中。孔子弟子、教育家澹台灭明来赣讲学，南昌从此文风鼎盛。南昌又是佛教洪州禅的发祥地、净明道教祖许逊的飞升地。儒释道的养生，江西饮食得以吸取。南昌瓦罐汤的煨制，采用古法工艺。大型瓦缸，犹如丹炉，内置土质瓦罐，以多种食材和名贵药材为原料，用硬质木炭火恒温慢煨。煨制出的瓦罐煨汤，食料酥烂，汤味浓香，原汁原味，营养丰富。

配置好原料的南昌瓦罐汤

正在煨制的南昌瓦罐汤

豫章菜取材广泛，配菜丰富，辅料众多。南昌人的肉食，以猪肉、鸡肉、鸭肉、河鲜为主。赣江、鄱阳湖的鱼类品种繁多，银鱼、鮰鱼、鲭鱼、鲤鱼、文昌鱼等，可以说中国淡水鱼主要品种，江西水域几乎都有。南昌人认为：“无鱼不成席。”南昌人经常吃的，有鳜鱼、鲫鱼、青鱼、草鱼、鲤鱼、鲩鱼等，或炖或炸，或蒸或炒，都是家常好菜。南昌人还特别注重吃“旺”补“淡”，即在鱼上市时，贮存一些，或腌或晒，待淡季时食用。

在南昌，银鱼、甲鱼很受欢迎。银鱼主要产于新建区、进贤县。此鱼又称“脍残鱼”或“残鱼子”，细长光滑，呈肉色。当然，品质最佳的还是鄱阳湖银鱼。其鱼头似银针，个头虽小，肉质却极为鲜美。鄱阳湖银鱼，又以“秋白”

南昌砂锅甲鱼

最为名贵。因为鄱阳湖秋季出产的银鱼，最为白嫩，是制作佳肴的上等食材。

春夏之交，南昌市郊各县盛产鳝鱼、泥鳅。人们常常披星戴月，打着火石灯、手电筒，在稻田边捕捉黄鳝、泥鳅，将其制成各种美味菜肴。例如黄鳝可烹制“莴苣鳝鱼片”，泥鳅可制“泥鳅钻豆腐”。

南昌各地还喜欢吃虾仁，常做的菜是“青豆炒虾仁”。此菜的青豆呈青绿色，虾仁呈白色，寓意做人要清清白白，是少见的“寓情明志”菜。此菜加些干红辣椒末，则色更美。青豆炒虾仁清鲜、滑嫩，食而不腻。

在南昌，人们最喜食的家禽是鸭子。著名的鸭菜有炒血鸭、馄饨鸭、板丸黄焖鸭、芙蓉鸭片、佛手鸭腿、柴把鸭、三杯子鸭、菜心烩鸭掌等。南昌家庭普遍会腌制鸭子，然后做成板鸭、卤鸭、烤鸭等。

除了水产，南昌同样不缺山货，来自江西各地的水生植物食材聚集于此。例如庐山的石耳、井冈山的竹笋、广昌白莲、安福的火腿等。这些食材，来到南昌，就成为美味的豫章佳肴。

豫章菜的蔬菜食材，种类较多，主要有白菜、芥菜、芹菜、蕹菜、苋菜、韭菜、白萝卜、胡萝卜、茄子、西红柿、冬瓜、南瓜、丝瓜、苦瓜、黄瓜、瓠子、豆角、眉豆、刀豆、辣椒、姜、葱、蒜等。

烹饪的食材还有各种擦菜、腌菜和菜干，辣椒干、浸蒜头、辣椒酱、豆豉酱、霉豆腐、腐竹等也是重要组成部分。这些食材，虽较为平常，但经过精心烹调后，也能登上大雅之堂。

豫章菜，还有物产充分利用的传统。俗话说：“鄱阳湖里的草，南昌城里的宝。”这里的“草”，指鄱阳湖生长的一种水草——藜蒿。阳春三月，南昌人常用藜蒿炒腊肉吃。藜蒿除去根叶，将嫩茎掐小段，腊肉切丝，作为食材。腊肉炒好后，加入藜蒿段及韭菜段、干辣椒末，煸炒一下倒入汤料，起锅前淋麻油。这道菜，腊肉色红干香，藜蒿清脆爽口，

南昌藜蒿炒腊肉

掐好段的藜蒿

带有特殊的清香味。

豫章菜的口味，讲究辣、烂、脆、嫩，以鲜辣为主。炒菜用茶油、菜籽油，有时也用猪油，凉拌则用麻油。辣椒、大蒜、香葱等作料，几乎每道菜必放，辣味十足。烹制菜肴时，喜欢整鸡、整鸭或整块的“猪蹄花”（猪前腿肉）用来红烧或清炖。烹饪技艺上，重刀工火候，讲究色泽，以烧、炒、炖、爆、焖、蒸见长，味浓油重，主料突出，汁浓、芡稠、味纯带鲜，注重原汁原味。例如“三杯鸡”，一杯油、一杯酒、一杯酱油，使慢炖后的鸡肉原汁原味。豫章酥鸡与五元龙凤汤等，也都是豫章菜的典型代表。

南昌地区饮食中，还有既做主食，又可当菜的炒粉。

南昌炒粉

南昌炒粉采用的米粉，粉质细白，久煮久炒而不糊。这种米粉制作工序复杂，要先将米浸泡、磨粉，制成粉条状后晾干、漂洗、摊干而成。主食、菜品两者均可的炒粉，以牛肉炒粉为佳。用猪肉炒的，味道也不错，但略逊一筹。牛肉炒粉的烹制很讲究。米粉要先浸发好，再滤干水；牛肉则切成细丝，辣椒、生姜、葱段等作为辅料。烹饪时，辣椒用油煸炒一下，放牛肉下锅，边炒边加入酱油、盐、高汤，后下米粉。待收干汁后，加菜籽油继续炒香，下葱、姜，炒至有干香味即可。炒粉肉嫩、粉软、味鲜，百吃不厌。据说，南昌牛肉炒粉的历史起码有几百年。不过，过去只在逢年过节时才吃，现在已经成为日常美食之一。

田螺

小龙虾

花蛤

米粉的吃法还有很多，将米粉煮熟，可做汤粉、拌粉等，风味各异。汤粉，其味在汤，多以鸡汤、肉汤共煮，粉爽汤鲜；拌粉，用香葱、姜末、蒜泥、麻油、酱油、精盐及花椒粉等调和成汁，拌入粉中，常在夏秋季食用。有的拌粉，还加黄瓜丝配食，或加花生米、萝卜干等，口感更佳。

另外，南昌流行风味烤卤，如田螺、小龙虾、花蛤等都十分畅销。南昌的卤味，味道鲜香咸辣，食后唇齿留香，有的已经成为区域性、全国性知名品牌。南昌饮食，还有众多特色小吃，主要有水煮油炸、石头街麻花、白糖糕、鲜肉烧饼、米粑、糊羹、粟子豆腐、牛招财、金线吊葫芦等。

南昌的餐饮业，根据不同消费对象和消费水平，具有不同的特色，提供个性化的服务。这是一种经营策略，也是传统的延续。古代南昌的饮食业，就分为四种类型：堂菜馆、包酒馆、半板头、饭业。实际上，这是四个不同的等级层次。堂菜馆，即高档餐饮店，相当于当代的

南昌糊羹

宴会餐厅，价格不菲，服务周到。包酒馆，是专供包办酒席，类似于现在包办酒席的场所。半板头，档次低些，类似如今的大排档，是最热闹的饮食场所。饭业，顾名思义，指专门供人吃饭的大众性饮食消费场所。现今的南昌餐饮，更加多元化、多样化、个性化。除了原有的各种形态，诸如城市综合体中的饮食店、餐饮连锁店、一桌一饭的特色店，也遍布南昌各地。

南昌饮食文化与生活密不可分，日常餐饮，亲友聚会，红白喜事，逢年过节，都喜欢办酒席请客。豫章菜在南昌流行千百年，每一道菜肴，每一种吃食，不仅是南昌历史的轨迹、民间百姓生活的见证，也是生活美学的展现、文化传承的延伸。

# 二、闻名遐迩浔阳菜

浔阳菜，指九江市区域内的饮食及其文化。以此为名，有三点考虑。一是“浔阳”为九江市古称，因古时流经此处的长江一段被称为浔水，此地为浔水之阳而得名。二是历来文人墨客多有吟咏浔阳之作，唐代著名诗人孟浩然在《自浔阳泛舟经明海作》诗中说：“大江分九派，淼漫成水乡。舟子乘利涉，往来逗浔阳。”元和十年（815），唐代大诗人白居易被贬到江州，在浔阳江边写下千古名篇《琵琶行》，开篇所写的“浔阳江头夜送客，枫叶荻花秋瑟瑟”成为“浔阳”极好的代言。三是中国古代四大名著之一的《水浒传》，多次写到浔阳，特别是宋江登浔阳楼题反诗的故事。这些，都使得“浔阳菜”易记易传。

九江是有 2200 余年历史的文化名城，自古就是“鱼米之乡”。因襟江带湖的地理位置，是得天独厚的江河枢

九江长江大桥

纽，九江因港而起，因埠而兴，是历史上“三大茶市”和“四大米市”之一，还有“江南鱼市”的美誉。九江饮食文化，除了地方风味，又因水运便利，商贾往来，带进许多外帮菜和饮食风俗。至清代，九江被辟为通商口岸，境内庐山成为租界，外国商人和传教士又带来许多外国菜。多种文化不断交融碰撞，九江形成了独具特色的浔阳美食。

浔阳菜是赣菜的重要组成部分，具有辣、烂、脆、嫩等特点。作为重要商埠，九江历来人口流动活跃，餐饮业也发达。江南十大名楼之一的浔阳楼、白居易送客的琵琶亭，自古就是长江沿岸重要的酒馆。唐代诗人韦应物曾在德宗贞元年间（785—805）任江州刺史，他的《登郡寄京师诸季淮南子弟》写道：“始罢永阳守，复卧浔阳楼。”白居易任江州司马时，发现九江鱼鲜酒美、风俗淳化、民情敦厚，便在《首夏》一诗中写道：“浔阳多美酒，可使杯不燥。湓鱼贱如泥，烹炙无昏早。”发出“何必归故乡？兹焉可终老”的感慨。这些酒馆最拿手的好菜，就是本地的鱼品。

鲤鱼

九江境内水域辽阔，河湖众多，是各种淡水鱼理想的栖息繁衍之地。九江被称为“江南鱼仓”，盛产草鱼、鲫鱼、鲤鱼、鲢鱼、鳙鱼、青鱼等，也盛产螃蟹、虾、河蚌等。其连湖通江到海的地理位置，咸淡水季节性回环，气候温暖，水质优良，鱼繁殖生长较快。而且，九江鱼苗业兴旺，又进一步促进了渔业发展。

鳙鱼

草鱼

九江自古就是全国鱼苗繁育中心，白居易《东南行一百韵》诗中写道：“水市通阛阓，烟村混舳舻。”其中的“水市”即鱼市。宋代的九江是全国张网捕捞鱼苗的中心地区，南宋著名文学家周密《癸辛杂识》一书，对九江的鱼苗生产、运输和销售的繁华盛况就做了详细的记述。明代时九江鱼苗几乎占有全国的市场，陆深《俨山外集》记载了当时盛况："今人家池塘所蓄鱼，其种皆出九江，谓之鱼苗，或曰鱼秧。南至闽广，北越淮泗，东至于海，无别种也。"如今，九江产的数十种鱼类，除鲟鱼成为国家一级保护鱼类而严禁捕捞外，其他都成为九江鱼宴的食材。

九江地区鱼宴鱼席，佳肴众多。鱼的吃法，多种多样，有红烧、清蒸，有水煮、煎炸等。如浔阳鱼席、九江鱼块、鄱阳湖胖鱼头、清蒸白鱼、黄豆烧鲩鱼、武宁棍子鱼、白浇雄鱼头、豆腐煮鲇鱼、红烧黄丫头、红烧缩项鳊等，都是经典名菜。2011 年 1 月，在"最喜爱的十大浔阳菜"评选中，70% 的菜品为九江鱼品。近年来，九江鱼宴鱼席展示会，已形成九江的饮食文化节，并成为对外宣传的一张

鄱阳湖胖鱼头

浔阳鱼宴上各种鱼的吃法：清蒸、做汤、小炒、制鱼粉

名片。九江人日常生活中，讲究鱼肉并重，逢年过节、寿庆婚配、丧葬祭祀、动土建房、招待客人，都少不了鱼，认为有鱼就是有“余”。关于鱼的各种民间艺术，如渔歌、渔鼓、渔灯，以及彩龙船、蚌壳精表演等，年节欢庆时都受到热烈的欢迎。

九江土壤肥沃，水稻产量高，有充足的大米资源；唐、宋、元、明、清又都是漕运粮食最重要的中转站，以大米为原料的各种米粑应运而生。九江地区民间米粑的类型和品种丰富，有50多种，如高粑、糍粑、方粑、碱水粑、拳头粑、包心粑、实心粑、印儿粑、溜蒸粑、蒸米粑、地菜粑、马兰粑、芥菜粑等。这些米粑，有的作为主食，有的也可做成菜肴。

武宁县的红米碱水粑，又叫作“寒婆粑”。其来历传说与“春秋时伍子胥过昭关，叩拜寒婆坟”有关。民间流传许多关于“寒婆（韩婆）望儿”及“纪念伍子胥和寒婆”的传说。红米碱水粑，用武宁特产红米磨浆，掺以草木灰制作的碱水，装在垫布的粑筛，猛火蒸熟，每块约10厘米厚。食用时，把碱水粑切成薄片，以本地烟熏腊肉、大蒜等炒制，既能饱腹，又是下酒佳肴。武宁还有一种麻糍粑，是用糯米加工制作而成的、带黏性的甜食。吃麻糍粑是过年时的习俗，临近春节，家家户户都要打糍粑。打糍粑的工序是：先把糯米浸泡好，煮成糯米饭；然后，把糯米饭放在石臼里，用棒槌击打，捣烂成泥，或者在磨盘上摔打，让糯米粒粘在一起，不见米粒。这样制作的麻糍粑，吃不出米粒，越烂越糍，口感越好。白香软糯的麻糍粑，即食、煮食、蒸食，样样均可。

修水县的哨子，也很有特色。哨子的品种很多，用料讲究，皮嫩馅香，爽口，味美。一般做法是剥去新鲜毛芋的毛皮，洗净入锅煮熟，摊凉到适当温度，搅成糊状；在毛芋糊中，拌入适量新鲜红薯粉，再加些香油，以软而不粘手为宜，放置待用；然后，配制馅子，甜食可用白糖、

修水哨子

芝麻粉、橘饼、桂花等，加化开的猪油、香油调制；咸食可用腊肉或火腿，加入大蒜、虾仁等配制；等馅料备好，芋料捏成小圆团，把馅子包在中间，外形做成上尖下圆。把哨子上笼去蒸，熟后的哨子又软又香，趁热装盘可食。修水哨子代代相传，逢年过节，喜庆宴会，亲友往来，都吃哨子。

刚包好的修水哨子

世界文化景观，九江境内有旅游胜地庐山。庐山名气最大的美食，是“三石”，即石耳、石鱼、石鸡。庐山石耳与黑木耳同科，是在人迹罕至的悬崖峭壁上野生的菌子，形状扁平如人耳，又附着在岩上生长，所以称为“石耳”。石耳营养价值极高，是一种高蛋白、滋阴润肺补品。庐山石鱼生长在峡谷溪流、瀑布石涧当中，巢穴筑在溪流较缓的岩石缝里，故名“庐山石鱼”。石鱼是小型鱼类栉虾虎的幼鱼，其头部扁平，体细长，前部浑圆而后侧扁，有两个背鳍。每年端午节前后，是捕石鱼的最好时机。捕获的石鱼体质纤嫩、体个均匀，如同绣花针大小，故又名“绣花针”。加工后的鱼干，呈奶油黄色，光泽鲜明。石鱼炒、烩、炖均佳，其肉细嫩鲜美，味道香醇，营养丰富，尤为产妇难得滋补品。庐山石鸡，又名赤蛙、棘脑蛙，是生长在阴涧岩壁洞穴中的麻皮青蛙。其体呈赭色，前肢小，后肢强壮，因肉质鲜嫩，肥美如鸡而得名。石鸡昼藏石窟，夜出觅食，形体与一般青蛙相似，但体大、肉肥，一般有三四两重，大的约一斤。庐山石耳清蒸鸡、庐山石鱼爆蛋、仙人石鸡，都是名菜。

庐山仙人石鸡

九江各区县特色菜肴有上百种，各具特色。例如：肉菜有“水浒肉”、小腌菜蒸肉、禾秆扣碗肉、白切蒸腊肉；鱼虾类有东坡醉鱼、庐山脆皮石鱼卷、鱼子泡、湖口酒糟鱼、云雾茶汁烹虾仁、清蒸鄱湖蟹；鸡鸭类有威家老母鸡宴、罐煨香鸭、乔炖白鸭、淮山板鸭、共青城板鸭、盐茶鸡蛋、水子冲蛋；其他类型的有庐山鲜笋、油炸豆腐、修水老豆腐、都昌豆参、瑞昌山药、德安板栗等。

“湖口豆豉”也出自九江。它既是佐料，也可单做菜肴。豆豉是传统的大豆制品，有咸淡两种。咸的主要用于调味，是做菜的佐料；淡的还可入药。咸豆豉做菜，往往加其他食材，做成辣椒豆豉、豆豉猪油渣等。湖口豆豉已经被列入江西省非物质文化遗产项目名录，并成为中国驰名品牌，实施地理标志产品保护。

大蒜是常用的佐料，九江也有特产。“都昌紫皮大蒜”栽培历史悠久，适应性强，稳产高产，辣大皮薄，味辣鲜香，营养丰富，属江西省特色农产品之一。九江市柴桑区的“黄老门生姜”，相传距今有600多年的历史，当地流传着：“陈友谅的薯，朱元璋的姜。”黄老门生姜味道鲜辣，回味时间长。其质地紧实，水分含量较少，因此耐贮藏，切口后也不易变黑腐烂。黄老门生姜既是炒菜佐料，又能单独制成鲜爽佐餐小菜。

## 三、四省通融饶帮菜

饶帮菜，属于赣菜系中的一支。一般认为饶帮菜发源于古信州，并以古信州为中心，兼纳婺源、广丰、铅山、玉山各县区的美味佳肴。饶帮菜“喜鲜香，味偏重”，下分信州、铅山、广丰、弋阳、余干、鄱阳等流派。

本书采用“饶帮菜”的原有称谓，实际上是对其饮食区域的拓展，是包括现行行政区划的上饶市、景德镇市、鹰潭市、抚州市的饮食文化。景德镇市、鹰潭市曾经属于上饶地区，与上饶市的历史、文化有密切联系，现在也地理临近，风习相通，自不待言。而抚州市，1949 年之后的一段时间，其大部县分属于赣东北行政区贵溪分区，可见，把位于赣东的抚州市与赣东北三市作为同一个赣菜分支，也并非毫无根据。当然，在具体介绍饶帮菜时，会把赣东与赣东北区分开来。

整体看来，饶帮菜选料广泛，用材新鲜，注重刀工，制作精细。根据食材，采用传统的烧、焖、炖、蒸、炒烹饪技巧，因材施策，因食制宜。其口味，或清爽，或酥脆，或鲜辣，或微甜，各有千秋。从区域来看，赣东北三市，受到赣鄱文化、吴越文化、徽州文化的综合影响，人员方言也分为赣方言、吴方言、徽方言，饮食文化自然也要细分。上饶市虽然自古就有“上乘富饶，生态之都”“八方通衢”和“豫章第一门户”之称，有万年的水稻种植史，但饮食一直处于民间的自然状态。饮食业的兴盛，有赖于商品经济的发达、人员流动的活跃。上饶地区为多省交界，受中心城市辐射较弱，直到明代，饮食业方兴起。当时，规模很小，多以经营地方小吃

上饶红烧甲鱼

为主，擅长炒煮，偏重辣味。后来，江浙和京津风味传入，和本地原有饮食习惯融汇，流行于市，沿袭至今。目前，上饶市菜肴，花开两枝：一是以赣菜风味为主，兼及京津和江浙菜品；一是以安徽风味为主。

上饶市的赣菜风味，特色菜肴有全鱼宴、弋阳国道鱼、龟峰扣肉、藜蒿炒腊肉、酱香鹅、葛源豆腐、清炒白玉豆，米粉有猪肝粉、大排粉、羊肉粉、肥肠粉、烫米粉，小吃有肉馅烧饼、油条包麻糍粿、饭麸粿、铅山灯盏粿、弋阳大米粿、清明粿、糯米子糕等。而在全省有一定知名度的，是“余干菜”。余干县地处鄱阳湖边，有上好的食材，如藜蒿、甲鱼、青鱼和螃蟹等。余干辣椒炒肉、藜蒿炒腊肉、银鱼蒸蛋等家常菜，是余干源自农家传统的美味佳肴。经过整理，余干菜有100多道，其中30来道是招牌菜。其中，鄱湖蛟龙、余干辣椒炒肉、红烧甲鱼、余干豆腐等特色菜，屡次入选“中国十大赣菜名菜”“我最喜爱的20道赣菜”和“上饶市十大名菜”等。特别是2011年10月，整合后的“鄱阳湖风光宴”在首届“赣菜展示会暨江西餐饮博览会”亮相，获得“最佳效果奖第一名”和“中国赣菜特色名宴”两项大奖。2012年9月，该宴在“中国第三届餐饮博览会”上，获得商务部和澳门特区政府颁发的“最佳展台设计奖”“最佳组织奖”和“环保展台嘉许奖”，还被中央电视台新闻综合频道专题报道。

婺源饮食的底蕴是徽菜风味，烹饪以烧、炖、蒸见长。

饮食风俗中，婺源“五福文化”极为鲜明。其中婺源荷包红鲤鱼，为地理标志保护产品。相传，红鲤鱼在婺源有400多年养殖史，可追溯到明代万历年间。婺源籍户部尚书余樊学告老还乡，皇帝御赐红鲤鱼，他带回放养，后逐步繁殖，流传民间。荷包红鲤鱼，因色泽金红，头小尾短，背高体宽，腹厚肥大，状似荷包，故得此名。清蒸荷包红鲤鱼是道名菜，鱼肉嫩而汤味鲜，营养丰富，有助养生，而又色彩喜庆，象征五福临门，是逢年过节的必备菜。

婺源菜肴，炖菜、蒸菜，均是特色。不只是清蒸

红鲤鱼

荷包红鲤鱼，婺源的清炖甲鱼，更是香味诱人，肉汤鲜美。而给人更深印象的，是蒸制菜肴。无论荤腥或园蔬，都用生米粉蒸，如蒸鸡、蒸鱼、蒸肉、蒸猪脚、蒸苋菜、蒸豆角、蒸茄子、蒸芋头、蒸南瓜等。有的还用板栗、芋头、萝卜、冬笋等与猪肉混合蒸，称为蒸杂碎。婺源蒸菜，各有特点：粉蒸鱼，鱼肉起丝，鲜嫩味美；粉蒸肉，肉香味醇，常吃不腻；粉蒸菜，鲜嫩味美，清新可口，老少皆宜。

“糊豆腐”是婺源当地代表菜，以豆腐为原料。豆腐切粒，放入高汤中，加调料、熟猪油，放虾仁、肉蓉、香菇丁和笋尖拌匀。撒入米粉，再放香菜碎、湿淀粉，熟后装盘浇麻油、撒胡椒粉和葱花即成。此菜色泽清雅，味道香鲜，常为宴席第一道下酒菜。

景德镇市是“千年瓷都”，处于皖、浙、赣三省交界处。景德镇饮食喜辣，菜肴基本放入辣椒调味。在食物方面，景德板鸡是著名的美食，系选用优质地方鸡（草鸡）为原料精制而成，风味独特。景德镇菜肴中最有特色的是“瓷泥煨鸡”，这与景德镇瓷器行业发展和饮食传统有关。相传，清代瓷工喜食嫩鸡。鸡去毛、破腹，腹内填满猪肉末，以及生姜、葱花、麻油、食盐等调料，再用荷叶包扎好；然后，将绍兴老酒淋入瓷泥拌匀，以此将荷叶嫩鸡裹住，埋入刚开的热窑渣中，煨烤 10 个小时后取出，剥去瓷泥与荷叶，即可食用。这种特殊方式煨烤的鸡，奇香四溢，鸡鲜骨酥。后传入民间餐馆，厨师加以创新，改进煨烤方法，使之依

婺源

鹰潭天师府

然鸡身完整，色泽诱人，鸡肉鲜嫩，酥烂飘香，食不嵌齿。这道菜经久不衰，世代相传。

当然，乐平狗肉也颇负盛名，已有 2000 多年历史。煮狗肉时，会用上大量茴香、八角、大蒜、生姜，倒入谷酒，水开再放些萝卜、红枣。煮好的狗肉皮糯、肉香、骨酥，清煮、白切均佳。现在，由于观念变化，狗肉食之日少。景德镇素菜中，常见的有苦槠豆腐、苦槠粉丝、苦槠粉皮、橡子豆腐、橡子粉丝、橡子粉皮、葛粉条等。小吃喜爱冷粉、饺子粑、碱水粑、辣椒粑、印子粑、油条包麻子、龙姣瓜子等，以街头巷尾小吃店的制作最具特色。

鹰潭市，享有“道都”“铜都”等美誉。鹰潭口味与上饶相近，菜肴著名者，多与张天师、上清宫相联系。“天师八卦宴”是历代天师为宴请宾客，举行重大活动设的大型宴席。宴席既注意菜肴品种，更注重菜品摆放，道教寓意深刻，饮食文化独特。设席时，使用老式八仙桌。按八卦“乾、坤、震、巽、坎、离、艮、兑”方位，先上8个小菜或小吃，如捺菜、茄子干、柚子皮、霉豆腐、灯芯糕、寿星饼、南瓜子、冬瓜糖等。给8位客人，各斟“天师养生茶”，茶过三巡，撤下小菜，再上八大菜。先将红枣糯米等精制而成的“太极八宝饭”，放在桌子正中，定下太极。然后，按道教“太极生两仪，两仪生四象，四象生八卦”的规律，依次摆上特制盘子盛装的八大菜。依道教方位规定，北为玄武，南为朱雀，东为青龙，西为白虎。所以，代表玄武的红烧龟肉，放在上座正中；代表朱雀的板栗烧鸡，放在下位正中；东西两侧正中，分别是代表青龙的清炖蛇和代表白虎的红烧兔子肉。其他荤素菜肴，在空位摆下，围成“太极八卦图”。此宴色、香、味、形俱全，文化韵味十足。

鹰潭讲究制作菜干。贵溪捺菜，是江西最具特色的菜干。传说当年天师云游四海，随身携带食之。因发源于道教圣地龙虎山，被称为“龙虎山道菜”和“百岁菜”。其原料为芥菜，状若雄狮，根发九枝，故又称“九头狮菜”。道菜制作，把芥菜菜心切片，菜茎切段，放适量辣椒、洋姜、大蒜、食盐、芋片、鲜笋等拌匀。菜料用手尽力去搓揉，直到芥菜渗出汁液，再填进瓦罐，用木棍挤、压，以白糖封口，适时取用。此菜融鲜、香、嫩、脆、酸、甜、咸、辣于一体，咸辣相间，酸里透甜，鲜香脆嫩，“一菜多味，多菜一味”。道菜是携带方便的佳味美食，又是烹调（鱼、鸭、粉、面等）的理想辅料。“余江茄子干”有500多年生产历史，是当地民间风味特产。主要原料有茄子、辣椒、米酒、蔗糖，及多种辅助原料，集香、辣、甜、咸多种味道于一体，生津开胃，百食不厌。

抚州市位于江西省东部，东接福建，饮食口味与毗邻的南昌、鹰潭相仿，但又有其独特个性。临川牛杂自古享有盛誉，以牛肚条为主料，豆芽为配料烩制而成。这道菜，鲜、脆、辣兼具，爽嫩而不油腻，广受食客喜爱。如今，随着优质生态、绿色食品观念的盛行，崇仁麻鸡更受青睐。相传，崇仁麻鸡由野鸡驯化而成，有1000多年饲养史，是“江西四大名鸡”之一，也是“中国十大名鸡”之一。该鸡重量适中，体形优美，鸡小生大蛋，故民间流传俗语：“麻鸡三千，乌鸡八百，白鸡生蛋不够吃。”崇仁麻鸡肉嫩味鲜，清沌滋补，营养价值独特。

乐安驴肉，为正宗祖传，菜肴一绝。它始于清代，相传曾入御膳房，久负盛名。乐安驴肉选料精细，采用健壮毛驴、老汤新水，配以20余种天然芳香佐料卤制而成。老汤连续使用，时间越长，次数越多，效果越好。百年老汤，更是有价无市。老汤可装入坛中密封，深埋土坑保存。卤成后的驴肉，色泽鲜亮，浓香四溢，味美可口，风味独特，

乐安驴肉

食后回味无穷。民间常说“天上龙肉，地上驴肉”，乐安驴肉也有了“百肴之长”的美称。

另外，冻米肉丸，既是名点小吃，又是佐餐佳肴。这道菜，用猪肉和糯米为主材制作，肉丸口感软糯，肉味鲜甜馨香。临川菜梗则是家常美食，以菜梗为原料，配以辣椒、大蒜等佐料腌制。临川菜梗，根据原料不同，分为菜皮、菜肉和菜梗，菜梗又有萝卜菜梗、芥菜梗和白菜梗三种，辣中有咸，咸中带甜，口味独特。

## 四、楚俗播布袁州菜

看

听

如今，谈到袁州，有人就会认为是宜春市袁州区。其实，古代袁州府的范围要大得多，现宜春、新余、萍乡三市，均为其所辖。所谓“地理同属，习俗同风，食味同好”，这一区域的饮食名为“袁州菜”，也就更为合情合理。而且，这一区域曾经属于楚国。楚国饮食强调五味调和，食材选料严格，制作刀工讲究。古代袁州府的饮食文化，也有楚俗的遗存。

袁州菜是赣菜中最辣的一个支派，甚至有的到了“无辣不成菜，无辣难下饭”的地步。袁州菜的食材多用本地山珍、农家土特产品，以熏、晒、腌制作的肉类和蔬菜为主。在烹饪方面，袁州菜精于刀工，注重火候，讲究制汤调味，推崇本味，却又口味偏于香辣。因素有熏、晒、腌保存食材的习惯，该区域普遍善于烹调腊制品。其调味的辣味原料，丰富多彩，有新鲜辣椒、干辣椒、酸辣椒、辣椒酱等，味道有的鲜辣，有的酸辣，有的甜辣。根据季节不同，烹饪者善于巧妙选用食材。

宜春在三市之中，菜肴辣度并非名列前茅，但微辣依然是重要口味。一般而言，炖鸡讲究汤清味鲜，原汁原味；烧鸡追求咸淡得宜，肉嫩味香。宜春的慈化鸡，却别出心裁用了小米椒，香辣诱人，成为当地必食佳肴。慈化鸡是将整鸡放入开水煮八分熟，冷却后砍成块，再将山茶油烧热，放上姜片和大蒜等配料，与鸡块一起爆炒 1 分钟，放入小米椒熬煮，使鸡肉变得十分入味即可起锅。慈化鸡味道酸辣独特，食之口齿生香，亲口品尝，方知奥妙。其制作关键是食材。农家散养土鸡，肉质鲜嫩；用自制米醋腌制的小米椒，风味独特；所用食油是宜春特有的山茶油。三美具备，烹调得法，才成至味。在宜春，甚至炒鸡蛋也可以放剁椒。剁椒炒鸡蛋的原料有鸡蛋、剁椒、白糖、盐、料酒。用小火将剁椒炒出香味，倒入预先炒好的鸡蛋，翻炒均匀，加入适量白糖，让甜辣得宜，不拘一格。

当然，宜春还有更多的非辣佳肴。宜丰松肉，选猪前胛心肉切条，用食盐、酱油稍腌，再与鸡蛋、薯粉拌匀，放入油锅中炸成金黄色；香菇油炒，平放碗中，将松肉放入，按紧挤实，酌加调料，上笼蒸熟，撒上姜葱即成。因配料不同，用香菇称“香菇松肉”，用海参则称“海参松肉”。宜丰松肉形似松果，肉色金黄，口感酥软，香浓味美。“炒

新余仙女湖

八扎”则是用猪瘦肉、猪肝、猪腰、猪肚子、猪心、猪脑花、鸡蛋、冬笋为原料，以香菇、大蒜、姜、葱、料酒、鲜汤等为辅料制作，质地香醇，清爽可口，食味鲜浓。

新余市的仙女湖是国家级风景名胜区。30余年来，新余整合各项资源，打造仙女湖旅游品牌。作为旅游“六大要素”首位的“吃”，其代表的饮食文化自然也被整合梳理，将传统的菜肴与旅游的需要相结合，以时尚的面貌呈现出来。新余的草鱼，现在以“仙女湖特色青鱼”推出。其制作方法是草鱼剖成两片，鱼肉内切十字花刀后，用葱、姜、盐腌制片刻，再摆回鱼形；下锅油炸，两次方成；起锅熬汁，浇在鱼身。仙女湖特色青鱼形似鲜花，口感酸甜。食用时一边听着七仙女故事，旅客食欲也被勾起。“仙女之吻”则是以仙女湖野生鱼嘴、花生米为原料。将鱼嘴腌制后炸酥，倒入秘制香料后收汁出锅，其滋味香辣、口感香酥。吃鱼头本是民间习惯，而“仙女之吻”将七仙女对丈夫的不舍、对人间的留恋全部融入这道菜中。传统与时尚结合，饮食与旅游交融，新余推出的风味佳肴还有“七仙之约”“月之朦胧”“独占鳌头”“仙女散花”等。

萍乡市素为“湘赣通衢”“吴楚咽喉”之地，即便在嗜好辣椒的湘赣两地，萍乡人也无疑是吃辣高手。在这里，有萍乡麻辣鱼、辣炒田螺、辣子炒熏肉等以“辣”为名的佳肴；蕨根粉煮鳝鱼、如春带皮牛肉、大烩羊肉、长丰黑山羊肉、武功山小河鱼等，也都离不开辣味；更有甚者，连乡村土鸡、芹菜炒肉，都要放上辣椒。

当然，萍乡最负盛名的还是莲花血鸭。当地流传着谚语：“途经莲花不尝鸭，简直让人笑掉牙。”

萍乡武功山

莲花血鸭的食材非常讲究，必须选用土生土长的麻鸭，加上当地的上等茶油、红辣椒、生姜、大蒜，以及用本地稻米酿制的米酒。在厨师精心烹调下，这道菜色美味香，鲜嫩可口。由于鸭子切成小碎块，辣椒又多，喜爱辣者，大快朵颐；食辣少者，浅尝辄止。据行家介绍，烧制这道佳肴的关键，在于对鸭血的处理。不同于其他让鸭血凝固结块的方法，制作莲花血鸭须不停搅动鸭血，使之保持糨糊状，还要根据鸭子大小，放入适量水和米酒勾调。细节决定成败，操作影响滋味，莲花血鸭烹饪也是如此。这道赣菜是上过国宴的经典菜肴，有人戏称其“上得了‘厅堂’，下得了‘家常’”。萍乡人的餐桌，一年四季都有莲花血鸭；萍乡城乡餐馆，主打菜必是莲花血鸭；无论家庭小聚会，还是高档大宴席，都少不了莲花血鸭。如今，莲花血鸭被列为“十

萍乡莲花血鸭

大赣菜”之一，2009 年入选江西省非物质文化遗产名录。而且，莲花血鸭这道佳肴已经遍及全省各地，受到众多食客欢迎。

萍乡不仅鸭子辣味十足，做鹅也是辣味不减。旺阁风味鹅的特点就是口味浓香，辣劲厚重，风味独特。主要原料是老鹅、姜、蒜、干辣椒、小米椒等。先将鹅肉下锅过水，至七成熟捞出，擦盐晾干水分，放在熏炉房，用茶树壳、樟树叶、稻草等熏制，并将熏好的鹅剁成小块。然后，鹅肉块放锅内炒熟，放入茶油、姜片、蒜片、干辣椒粉、小米椒、大红椒片、高汤等调味，收汁后即可食用。这道菜，用了干辣椒粉、小米椒、大红椒片，观之辣浪扑面，食之辣味爽舌。

在萍乡，辣椒不仅用于烹饪肉菜，连制作菜蔬水果都形影不离。萍乡盐果子是一种手工制作的小吃，是当地风味独特的特产。主要原料有豆角、南瓜、胡萝卜、白萝卜、茄子、苦瓜、黄花菜、菜心、刀豆、黄瓜等蔬菜，杨梅、香梅、黄梅、话梅等蜜饯，紫苏、酸叶、野酸枣等野生植物，以及柚子皮、陈皮、甘草等调味品。辣椒、川椒当然也是必备之物。菜蔬水果，甚至树叶、野菜，凡是可食之物，均可作为原料。这是一种远古遗风，也是生存的智慧。用这些原料制作盐果子，必须带辣才有味道。制作时，以糖、醋、甘草粉、辣椒粉为调料，在蒸制过程中逐一调配。每种盐果子用料都不同，滋味有异，但都辣、酸、甜兼具，好吃而又开胃。

萍乡在烹饪技艺方面，对熏腊制品情有独钟，而且本领超群。这和当地在食物储存方面擅长使用熏、腌、晒的方法密不可分。

熏是先把食物用盐渍，晾干后，再用烟熏。这样制作成的食物，当地称为“腊菜”。肉类有腊肉、腊肠、腊鱼、腊鸡、腊鸭等，蔬菜和豆制品也可制腊菜，如腊芋头。

腌是把食物加上盐、酒、糖等，进行腌制。萍乡最常见的腌菜，是“搓菜”。它是用大青菜、芥菜、萝卜菜，晒至半干加盐，用力搓至熟透再晒。脱水程度视个人口味而定。将其放置坛中，封紧储存。

晒是把辣椒、豆角、南瓜、茄子、苦瓜、笋、萝卜、姜、青菜梗等，经过暴晒，干燥后储存。萍乡还喜欢晒米粉肉。五花肉用盐腌好，拌上糯米粉、红曲粉、八角粉，在烈日暴晒下晒出的米粉肉，油而不腻，有独特浓香。

这些食物，除了蔬果类的可以直接食用，或者待客，其他的还要烹饪加工，方成美味。萍乡人在长期的饮食实践中，掌握并精进了熏腊制品的烹调方法。

## 五、唐风宋韵庐陵菜

庐陵，是吉安地区的古称，自秦朝建制以来，人才辈出，名士荟萃，文化发达，民风淳朴。庐陵文化具有浓郁的地方特色，表现形式多种多样。吉安素有“江南望郡”“金庐陵”“吉州福地”的美誉，又是举世闻名的革命摇篮井冈山所在地。在饮食文化方面，庐陵菜自然融入了历史文化、文人文化、红色文化。

吉安，为人所津津乐道的，是源于7000年前的青铜文化；流传最广的，是“三千进士冠华夏，文章节义金庐陵”；民间最自豪的，是明代《永乐大典》“天下多举子，朝中半江西，翰林多吉安”的记载。因此，文人文化深深刻印在庐陵菜里。在文人之中，文天祥最为人们敬仰，有多种庐陵菜肴，都传闻与他密切相关。如“文山肉丁”，据说是源于文天祥亲自下厨烹制犒劳士兵的肉食。当然，明代名臣、主持纂修《永乐大典》的解缙也是被推崇的人物。相传，解缙指导御厨按照吉水方法制作的豆花，永乐皇帝品后感叹："白如雪，细如纱，柔如绵，鲜甜可口，此乃人间极品。"为此，赐名"解缙豆花"。此外，"武山鸡"因外形超群、肉质细嫩、奇香味美，被乾隆皇帝品尝而赐名；明朝永乐年间，"峡江贡粉"被武英殿大学士带回京城用来款待文武官员，一举成名；"永丰状元鸡"则诱人垂涎，美味感人，美名传播。

庐陵解缙豆花

与历史文化有关的庐陵菜，数量众多。例如永和豆腐成为美味，就与宋代繁荣昌盛的吉州窑息息相关。"苆麻鳝鱼"的出现，是那脍炙人口清官巧妙断案故事的产物。"全家福"的成名，是慈母为送爱子赴京赶考，把家中食材烩成一锅，爱子食后一举高中，食材烹饪方法被民间纷纷仿效。红曲肉是添丁席必上佳肴，热闹添食，寓意添福添财；"杀猪菜"展现亲情、友情融洽。这些，无不是传统观念与文化的体现。

井冈山之所以被称为"革命摇篮"，

是因为这里建立了第一个农村革命根据地，开始了“星星之火，可以燎原”的波澜壮阔历程。在井冈山革命斗争时期，一代伟人毛泽东领导的中国工农红军，任务艰巨，生活艰苦。当时，他们保持着革命的乐观主义精神，自己挑粮上山，身穿单衣过冬。日常饮食，是“红米饭，南瓜汤，天天吃得精打光”。如今，红色文化的基因，也融入庐陵菜的谱系。“红米饭”“南瓜汤”已经闻名于世，进入许多地方的餐谱。

庐陵菜从烹饪方式来说，有三方面来源：一是当地传统的饮食习惯与制作方法；二是随着庐陵文人走向全国的饮食文化交流；三是作为客家人去赣南的必经之路，受定居庐陵的客家人影响。因此，在整体追求上，庐陵菜选料精细，讲究刀工，注重火候的美食理念与实践操作；在烹调上，擅长煎、炒、焖、烧、炖等烹调方法；在菜肴调味上，注重保持原汁原味，汤汁香醇，爽而不腻，以家乡味、茶香味、橘香味及客家的酸辣味为主；在菜品质感上，讲究酥、烂、脆、嫩；在品赏感受上，喜咸不喜甜，除少数菜肴外，几乎不加糖；在调料选择上，喜欢用吉安本地米酒、水酒去腥增香，有的甚至不加水只用酒，酒香与肉香相得益彰。

吉安的特色菜肴，有的以色香味形兼备见长。如“全副銮驾”这道菜，选用本地鸡，去毛掏尽内脏，加姜、料酒等腌渍半小时，然后抹上糖色，入油锅中炸制，再加糖、醋、酱油、香料等调料，和熟猪油、干红椒等一起红焖至酥烂，然后，用拆开的鸡肉拼成銮驾状即成。其造型美观，色泽红亮，味道香浓，口感酥嫩。有的以地方特色食材为料，用传统方式精心烹饪。如“三杯乌鸡”，以被誉为“白凤”的泰和县武山乌鸡为原料。烹制时，不放汤水，只配一杯甜米酒、一杯香油、一杯酱油，用砂钵煨制而成。这道菜肉质酥嫩，原汁原味，浓香诱人，味道醇厚。而“泰和牛背筋”选料更为精细，用牛背筋做主料，用土青椒粒、土红椒粒、大蒜等做辅料。烹饪时，将牛背筋切薄片腌制备用。炒锅放油烧热，下牛背筋爆炒七成熟后，放土椒和大蒜炒香，快速炒熟。这道菜脆嫩爽口，咸焦辛辣，非常受欢迎。

吉安有的菜肴别出心裁，“只有本地有，其他地方无”。例如“莴麻炒鳝鱼”，用剔了骨的鳝鱼片，搭配莴麻叶子。做法很简单，鳝片先用油爆，然后用水酒焖一会儿；加入适量生姜、大蒜、干辣椒、盐，再焖一会儿，铲出。锅内放少量油，将莴麻叶子切段，倒入快速翻炒，放少量盐。把炒好的鳝片倒入，翻炒几下，调好味，勾芡出锅。这道菜吃到嘴里，香味鲜美，又略带苦味。

而井冈山人爱吃的“泥鳅钻豆腐”，则是个技术活。小泥鳅放在缸或坛子里，倒入清水并放少量食盐，喂养两三天。嫩豆腐放在灶上，将活泥鳅倒入，文火慢热，让泥鳅钻进嫩豆腐后，再下油锅炖煮，并加葱花、辣椒、姜末等佐料。这道菜营养丰富，特别鲜嫩，是待客佳肴。

吉安菜肴，还有其他创造。“墨鱼冬笋肉丝”，是把

苘麻炒鳝鱼

永新血鸭

海鲜与山珍融为一体。烹饪时，把黑猪里脊肉切丝，加入食盐、蛋清、湿淀粉上浆；鲜红椒切丝待用。墨鱼用温水泡软，洗净切丝；冬笋切丝，用热水焯好待用。锅上火，用油滑好锅，重放适量油烧热，下墨鱼丝、肉丝炒散炒香，再放入姜丝、冬笋丝、红椒丝，快速翻炒。烹入料酒，加入鲜汤、食盐、芹菜段，稍炒片刻，勾入湿芡粉，淋入小麻油即可。这菜滑嫩鲜香，清爽可口。

吉安还有很多特色菜肴，采用当地特产与传统烹饪技法。例如：诱人垂涎的永新血鸭、肉嫩鲜腴的万安鱼头、香气扑鼻的坛子煨鸡、奇香异味的橘香鱼丝、清淡雅致的松菇豆腐。还有引人入胜的腌腊制品，如源远流长的安福火腿、浓香四溢的遂川板鸭、风味独特的东固霉鱼。这些，都是久负盛名的吉安美食珍肴。庐陵菜浸透着历史文化，携带着唐风宋韵，体现着千年厚重与当代时尚，悠悠风情令人回味无穷。

## 六、南北汇聚客家菜

客家菜，是客家人创造的菜肴。客家是以客家方言为母语的一个汉族民系，全球约有 8000 多万客家人。其中，约 7000 万分布在中国南方 18 个省级行政区，其他则分布在世界上 80 余个国家。客家菜是这个民系共享的。

按照前述各地的菜肴流派名称，赣州市的饮食菜系应该称为“虔州菜”“虔城菜”，或者赣南菜。这里之所以用“客家菜”指代赣州市的饮食文化和菜肴流派，有多方面的原因：赣州是客家的主要居住地之一，客家人占总人口 95% 以上；客家菜是当地占主导地位的菜肴，已经成为城市饮食的名片；更重要的是，赣州被称为“客家摇篮”，从这里走向海内外的客家人，无不受到赣州客家菜的滋润与熏陶。因此，用客家菜指称赣州菜肴也合情合理，并且容易为当地与外界理解和接受。

赣州客家饮食兼收并蓄，客家菜的历史与形成，有三方面的来源：

一是中原生活与饮食文化的印记。客家人历史上多次大迁徙，远离自己的故土，以客地为家定居。作为中原汉民南迁的第一站，赣州素有“客家摇篮”之称，来到这里的客家人，都有浓厚的“原乡情结”。无论情感，还是文化；无论习俗，还是饮食，赣南客家都有中原生活的深刻印记。客家饮食保留了大量的中州古味，是古代饮食文化的“活化石”。

中原地区以小麦为主食，每逢新春佳节，有全

客家围屋

家一起包饺子、吃饺子的习俗。饺子象征着喜庆和团圆，是客家人根深蒂固的乡土情结。赣南山区不种植小麦，客家先民就把豆子磨成豆腐，创造了“酿豆腐”的烹饪技法。制作方法是将肉剁碎，和蔬菜、调味品拌匀，成为馅料；然后，把白豆腐切成三角形，挖一个洞并填入馅料；再把这种形似饺子的酿豆腐放到锅内蒸熟。酿豆腐色香味俱全，味道鲜美，营养丰富。无论是逢年过节，还是宾客盈门，象征团圆的酿豆腐都会端上餐桌。“酿”的美食加工方式，是在本土原料上对北方饺子做法的传承与创新，也是原乡情感的延续与发展。

在赣南，酿菜的品类很多。不同季节，会利用各种时蔬和其他食材制作，常见的有酿辣椒、酿茄子、酿冬瓜、酿苦瓜、酿田螺等。还有的将粳米和糯米磨成粉，模仿饺子外形和做法，制作出艾叶包、芋子包等带馅美食。再如信丰萝卜饺，原料改成了地瓜粉，把地瓜粉擀成薯皮，作为包饺子的面皮，用萝卜为馅料。萝卜饺蒸熟之后，透明晶亮，馅料鲜甜，与北方的水饺相比，另有一番风味。另外，客家人用豆皮裹蔬菜蘸酱吃，也源于中原先民的饮食习惯。

二是迁徙途中受邻近地区的影响。客家从北往南，迁徙辛劳，风餐露宿，随遇而安，沿途饮食，一任自然。从地理位置来看，赣南东接福建省，南至广东省，西靠湖南省，为三省交接之处。客家菜博采众长，也吸收了邻近三省的饮食文化。

客家酿豆腐

客家炒螺蛳

在这方面，赣南客家菜有鲜明的特色。例如：赣州四周山峦重叠、丘陵起伏，山地、丘陵占总面积的 80.98%，盆地占总面积的 17%。这样的地理环境，饮食应该体现出山区的特色。但是，客家菜又讲究吃鱼生、鱼丸、鱼泡、烫鲜虾、活鲤鱼等。据晋代张华《博物志》记载：南方有钟爱水产的食俗，“东南之人食水产……龟、蛤、螺、蚌以为珍味，不觉其腥臊也”。生活在沿海的越人，把龟、蛤、螺、蚌作为天然美食。客家菜这种吃生吃鲜的饮食习俗，与越菜风味极为相似。

赣南某些地区还有吃“熟米”的习惯，就是把收割的稻米不经晒干，放到锅里煮。谷壳裂开时，捞起晒干，再砻成米。而浙江桐乡乌镇，也有吃“熟米”的习俗，可以窥见两者之间的联系。

三是本地居民与地理环境的根基。先秦时期，赣南的

安远薯包

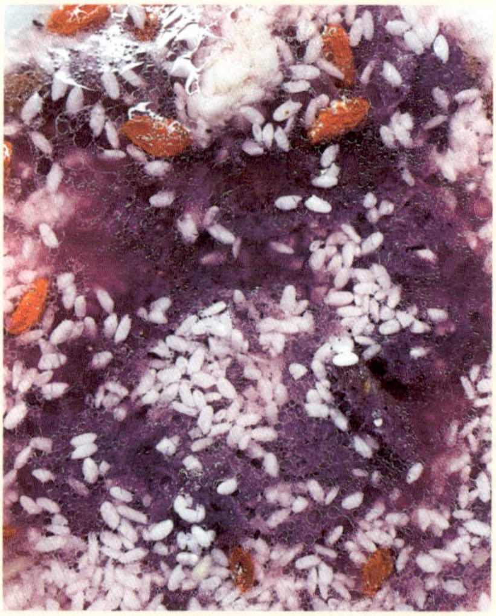

安远薯酒

安远酒椒紫板薯

本地居民是百越族。客家人来到赣南，烹饪技艺能够延续，但是，在当时交通极为不便的情况下，食物的原料只能就地取材，并且也会吸收当地的烹调方式。受本地居民文化的影响，客家人将原烹饪文化和古虔百越人后裔山区饮食文化相融合，形成了客家饮食风味。

赣州属于山区，多种植番薯、芋头等粗粮和瓜果蔬菜。当地居民形成“粗、野、杂”的饮食结构特点，讲究粗细搭配，并且以禽肉为主，具有不油腻的饮食特点。客家先民从北方迁徙而来，习惯食用大量的畜肉，饮食比较油腻，来到赣南之后，受当地饮食影响，讲究五味调和，烹饪去腥解腻。因此，先民把畜肉与粗粮、瓜蔬搭配起来，如醋果子炒大肠，以酸去除畜肉异味；笋干焖肉，利用笋干消减油腻之感，都成为客家名菜。此外，客家人吃蛇甚至田鼠，就是古代南方百越民族饮食习俗的遗风。

赣州四季分明，气候温和，热量丰富，雨量充沛，有冬夏季风盛行、春夏降水集中等气候特征。四季的冷热变化，赣州人都能真切感受。为了更好地吸收营养、调理健康，赣南饮食讲究顺应四时。春天阳气始发，饮食宜“省酸增甘，以养脾气”。赣州人会在立春这一天摆春酒、吃春卷。春卷是将韭菜入馅，包裹之后油炸。韭菜是春天当季蔬菜，味道非常鲜美，还有独特香味。南齐周颙有句名言：“春初早韭，秋末晚菘。”初春时节，韭菜品质最佳，有“春食则香，夏食则臭”之说。以韭菜入馅的春卷，自然是顺

客家腊香肠

客家腊板鸭

应春季的美食。

当然，有的饮食习俗赣、闽、粤交界地区都有，很难分清先后，只能说是互相交流、互相影响。例如：赣南精于制作腌腊食物，也善于烹饪此类食物。赣南山区，交通不便，难买新鲜肉类，于是把多余肉食腌制起来，供随时取用。腌制食物，味道浓厚，适合客家口味。于是，腊猪肝、腊香肠、腊板鸭、萝卜干、笋干，以及其他各种蔬菜干等，种类繁多。无论是腊猪肝还是腊香肠，不管是腊板鸭还是腌蔬菜，都是户外晾晒，自然风干，而不用柴火熏制。粤东的干腊制品，如大埔的白侯牛肉干、梅县的梅菜干，其制作方法和赣州的如出一辙。福建的武平猪肝，也是用盐腌制后放到户外晾晒、风干。只是由于生活环境不同，福建客家人在赣州腊味基础上，结合自身物产和饮食习惯有了传承与创新。

在历史上，对于狗肉，闽、粤、赣三省交界地区都非常喜欢，流行着“小狗补肾，中狗补血，老狗去风湿”的说法。同时，讲究夏天吃狗肉，所谓“春羊、夏狗、秋鸭、冬鸡”“冬至羊，夏至狗”“夏之狗，吃了满山走”。在具体做法方面，闽西客家喜欢白切狗肉，粤东客家偏爱香菇焖狗肉，赣州客家则热衷砂钵狗肉。

在历史的长河中，赣南饮食还融入了宋城文化、阳明文化、客家文化、红色文化等。赣南客家的多元文化印记，也体现在菜肴上。来自山间河溪的食材，在赣南客家人的手里，就都有了鲜明的地方特色和时代特征。

赣南客家菜，食材来源广泛，但又主料突出。用料以家畜、家禽等肉类为主，所重皆为陆生肉类，所谓“无鸡不清，无鸭不香，无肉不鲜，无肘不浓”。除了自家饲养的家畜、家禽，客家人还种植时令蔬菜，栽培蘑菇、木耳，并充分利用自然环境的物产，山上的竹笋、冬笋、蕨菜，田边地头常见的马齿苋、地皮菜等，水中的鱼虾、螃蟹、泥鳅、黄鳝等，就连田鼠、蝗虫也是烹饪食材。只要是可以食用的，都可入赣州客家菜谱。而辣菜和芥菜，由于具有清热疏风、冲鼻通气的功效，不仅是客家菜肴食材，还可用于治疗初期伤寒感冒，祛除体内风寒。

赣南客家菜的菜肴风格，注重刀工火候，菜肴造型古朴，以盐定味，以汤提鲜，常将辣椒与姜配合使用，再以家酿糯米酒和酱油调味，使菜肴主味突出，副味得体。烹调方法多样，尤以北方常见的煮、炖、熬、酿、焖等技法见长，使得菜品质地各具风采。焖制的菜肴力求酥烂，味香而浓，如久负盛名的“三杯鸡”；蒸或炖的菜品，保持原汁，不失原味，既保留营养，又有补益，如“清蒸荷包红鲤鱼”“清炖乌骨鸡”。

从整体来看，客家菜口味较重，就像俗语描述的：“咸咸辣辣，麻麻搭搭。”但在不同菜肴的口味上，有的讲究原汁原味，有的追求鲜辣醇厚，有的突出清淡脆嫩，本地食材的鲜、香、脆、酸、咸、辣，都通过丰富多彩的菜品得以体现。鲜得风生水起，辣得温柔内敛，成为客家菜的特色。兴国四星望月、粉蒸肉，宁都三杯鸡、肉丸，定南酸酒鸭，瑞金牛肉汤，赣南小炒鱼，信丰萝卜饺等，都是赣南客家菜的代表。

# 第三章 赣菜风味

GANCAI
FENGWEI

赣菜流派，展现的是区域的个性特色。而作为一个体系，一个整体，赣菜文化又有系统的共性特征。赣菜的特质，呈现在具体的风味之中，又是通过用心的取材用料、高超的烹饪技艺、恰当的菜肴摆盘等，给饮食者以美好享受和深刻印象。

# 一、赣菜特点

任何菜肴的特点，都与该地区的地理环境、气候特征、物产资源一脉相承，与当地人的生活状况与饮食习惯息息相关。经过岁月的沉淀，当地口味的独特要求，构成了赣菜的特色。赣菜的特点，可以用“咸鲜香辣”四个字来概括，带有一定程度的复合性。这与山西、陕西多喜酸，山东、东北多喜咸，四川、湖南多喜辣，江苏、浙江多喜甜，既有关联，又有区别。

咸味，是五味中最单纯、最重要的一味。汉代就认为盐是“食肴之将”，咸味是所有味道中起引领作用的。清代则进一步强调“咸则日用所不可缺”“咸则终身食之不厌，不病”。各种味道，都离不开盐来提味。赣菜却不是一般的用盐，而是“重咸”。之所以如此，有多方面的原因。一是地理位置使然。江西位于长江中下游南岸，四季气候为春时梅雨，夏季炎热，秋天干燥，冬日湿冷。由于气候变化，味咸的菜肴，迎合了当地人的需要。二是劳动强度的需要。江西属于山区与丘陵地带，劳作者辛苦倍增，经常大汗淋漓，需要咸盐补充体力。久而久之，食咸成为习惯。三是保存食材的需要。在江西各地，都有用盐腌制食材保存的传统。腌制咸鱼，腌制肉类，腌制蔬菜，制作霉豆腐，样样离不开盐。而且，重盐才能使食物保存的时间更长。有的腊肉，要吃一年，自然会多加盐。江西人喜欢食用这些腌制菜肴，自然口味就会变得重咸。

当然，赣菜的重咸，是和喜鲜联系在一起的。但是，咸却与鲜又有矛盾的一面。俗话说："咸吃味，淡吃鲜。"猪肉鸡汤，味道鲜美，自然离不开盐的提鲜。不过，如果用盐过多，则会掩盖菜肴的鲜味。赣菜却把咸与鲜巧妙地融为一体，形成独特的复合型"鲜咸味"。赣菜的鲜味，来自三个方面。一是食材本身的新鲜程度。由于食材

食盐

的就地所得，及时食用，鲜嫩之材，鲜爽之味，自然易得。二是不同食材的有机搭配。例如要获得荤的鲜汤，就用鸡肉、猪肉、牛肉、鱼等原料熬汤，通过火与水的交融清除其腥臊膻臭，然后稍加盐，则鲜味全出。要获得素的鲜汤，则用笋、蕈、白菜、蚕豆、豌豆等制作。其中的菜蔬，以新采者为佳，笋要新出山林者，豆类亦以鲜者为佳。而荤鲜汤，用以烹制无味或味极薄的动物类食物，如鱼翅、海参；素鲜汤，则用以烹制豆腐、面筋等素菜。三是调味材料的辅佐作用。赣菜的调味材料，极为广泛，据不完全统计，有近百种。调味方法，极其细腻，调味时间、调料用量、火候强弱，都要恰到好处，故而能够清除异味，突出正味，增加鲜味，丰富口味。

赣菜的另一大特点是，喜食辣椒，嗜好辣味。江西人，“无辣不欢欣”；烹饪时，“无辣难做菜”。无论何种食材，放辣椒成为习惯。赣菜广泛使用辣椒，是和辣椒的营养成分、食用功能密切相关的。辣椒含有维生素、胡萝卜素、红色素、辣椒碱、挥发性油和钙、磷、铁等矿物质，维生素 E 的含量尤其高。辣椒具有多种功能，它是一种健胃剂，适量食用能增强唾液、胃液的分泌，促进胃肠蠕动，有助于消化，能增加人的食量。胃寒、胃疼患者，常吃少量辣椒，能祛除胃中寒气，有制酸止疼的作用。有的人酒后吃不下饭，只要嚼一点辣椒，就立刻有了胃口。特别是江西人耕田，从事水田劳动，或在湿热环境里工作的人，常吃辣椒，对预防风湿性关节炎、肠冷胃寒，以及防寒大有好处。正因为有诸多好处，江西嗜辣成风，赣菜也以辣闻名。

辣椒作为五味中“辛”的主要代表，其中最辣者，数朝天椒，即小米椒，是赣菜的主打用料。烹饪常用的辣椒还有长椒、灯笼椒、鸡爪椒、圆辣椒等。辣椒在夏秋可鲜食，赣菜烹饪多用新鲜辣椒，以见色香味，也常用干椒、辣椒末、辣椒糊、辣椒酱、辣椒油等。这些辣椒用料，是制作辣子肉丁、回锅肉、麻辣肉、麻婆豆腐、酸辣汤等菜羹必不可少的调料；咸辣牛肉干、辣酱菜里也少不了它们。做泡菜时加一二只辣椒，吃起来不但芳香可口，而且格外下饭。

剁椒猪蹄

朝天椒

当然，赣菜的辣，是以咸、鲜为特征，与川菜的麻辣、湘菜的辛辣、鄂菜的卤辣，颇为不同。对于菜肴，味蕾感觉的是酸、甜、苦、鲜、咸“五味”。而和舌感相区别的，还有鼻感，也就是嗅觉所感觉的“味”，那就是“香味”。如果按照人们对菜肴的感知先后，往往是先嗅觉，再视觉，然后味觉。赣菜的辣，是辣椒与食材在高温的烹饪下，产生的鼻子能够优先享受的味道。赣菜的辣，在烹饪之时，就香气四溢；未上桌，气味飘来，引人食欲。而大快朵颐之时，这种香辣，强化了赣菜的美味。更何况，香辣与咸鲜风味的融合，“四美兼具”，又使赣菜的辣具有醇厚的质感。

## 二、取材用料

赣菜特点的形成，首先是取材用料。丰富的饮食资源，是赣菜烹饪的物质基础。从原始人类采集果蔬、打捞鱼虾、捕猎飞禽走兽，到饮食的进化、昌明、繁盛，经过万千年的反复优选，赣菜形成了天然食材、再加工食材两大体系，包括主配原料、调味原料、佐助原料三大类。正是种类众多的原料，烹饪人员才能展现技艺，制作出花色繁多、难以计数的菜肴。赣菜的取材用料，有三个方面的特点。

其一，广采博取，食材品种多样。

传统的赣菜，以本地出产的食材为基础，并适度采用外地食材，形成了种类繁多的食材体系。在菜肴主配食材方面，动物类的有畜禽类、蛋奶类，原来还有野味类，包括兽类、鸟类、两栖类、爬行类。现在，随着生态观念、动物保护力度的加强，野味类菜肴极为少见。水产类食材，以鱼类为主，特别是淡水鱼，还有洄游鱼、咸水鱼，以及虾蟹类和其他水产。

在植物中，无论是主粮还是杂粮，乃至豆薯，都能成为美味佳肴。蔬菜品种数不胜数，叶茎类的白菜类、芥菜类、甘蓝类，根茎类的直根类、薯芋类，瓜果豆类的瓜类、茄果类、豆类，以及葱蒜、菌藻地衣、花木、野菜，都是取之不尽的食料。据不完全统计，赣菜原料千种以上。无论是饲养的畜禽还是江河的鱼鳖，以及山间的野味，都是制作赣菜的上好原料。各类日常蔬菜、时令瓜果、地方特产，都为赣菜提供了丰富的饮食原材料。

当然，江西作为鱼米之乡，赣菜佳肴大都以鱼米为材料。赣江、鄱阳湖的鱼类品种繁多。中国淡水鱼的主要品种，江西水域皆有。银鱼、鳜鱼、白鱼、鲫鱼、鲤鱼、文昌鱼等，都是优质食材。赣菜中，以鱼为主的菜肴，品种繁多，制作巧妙。同是赣江流域，鱼类菜肴烹饪也各具特色。赣江中上游，以烹炒为主；赣江中下游，以烹蒸为主。赣江中上游的炒鱼块，用辣椒、丝瓜、姜、蒜烹制，鲜美异常，是传统名菜。赣南的鱼丸、鱼泡、鱼生，既是赣菜风味，又有粤菜风尚。赣粤交界处的大余，有名菜红烧活鲤鱼。这道菜“活而不生，肉熟头生，鲜而不死”，为赣菜本色。吉安地区的油炸米粉鱼，鲜香俱备，酥脆可口。赣江下游的鱼菜，炖蒸著名者，有鲇鱼嫩豆腐、鱼头炖豆腐、清蒸鳜鱼、清蒸白鱼，还有受江浙菜影响的糖醋鳜鱼。九江得

鱼头炖豆腐

赣江、鄱阳湖之利，渔舟唱晚，渔业发达，故“浔阳鱼席”有宋以来就名闻天下。无论是冷盘还是热菜，无论是大菜还是点心、汤品，所用主料都是水产。鱼、虾和蟹，一经烹饪，菜肴形状美观，色香味俱全。即使同为鲤鱼，万安玻璃鲤、兴国红鲤鱼、婺源荷包红鲤鱼，菜品也各具特色。这些鲤鱼制成的菜肴，味道鲜美，色彩鲜艳，而且还有养生作用。汪双池《医林纂要探源》称荷包鲤鱼有“安妊孕、好颜色、止咳，疗脚气、清水肿、治黄疸”等功能。

其二，精工再制，构成食材新品。

赣菜除了采用原始食材，还会使用再加工而成的食材。在禽畜类的生制品中，有腌制品、腊制品、生干制品、生熏制品、火腿制品、香肠制品。而熟制品中，有烧烤制品、油炸制品、酱卤制品、熟熏制品、熟干制品、白切与糟制品等。豆制品中，有豆脑制品、油皮制品、豆粉制品、豆芽制品和其他豆制品。蔬果制品中，有酱菜类、腌菜类、渍菜类、干菜类。另外，还有干果制品、蜜饯制品等。

江西的稻米，不仅是日常主食，经过

再加工的稻米制品，也是赣菜的重要材料。江西闻名全国的优质大米，有万年贡米、奉新红米、袁州黑糯米、双竹黏米、冷水粳等，派生出江西的许多名菜。菜肴制作，就有以米饭配制者，如遂川的冻米鸡，以白煮鸡块置于蒸熟的冻米饭上，鸡咸饭甜，化油腻为清淡，香甜可口，堪称一绝。当然，最有影响的，是赣菜中的粉蒸肉。

早在清乾嘉时期，著名诗人、散文家、文学批评家和美食家袁枚写的《随园食单》，就有关于粉蒸肉的记载："用精肥参半之肉，炒米粉黄色，拌面酱蒸之，下用白菜作垫。熟时，不但肉美，菜亦美。以不见水，故味独全。江西人菜也。"每年立夏这天，吃粉蒸肉是江西传统民俗，谓之"撑夏"。逢年过节，粉蒸肉也是必吃的传统菜。作为粉蒸肉的起源地，江西省南昌市新建区松湖一带，还保留了用菜叶作垫的古法粉蒸肉做法。以粉蒸肉为主的传统宴席形式——"笼床宴"，依然流行于新建和丰城地区。一笼床粉蒸肉，有近桌子那般大，十分壮观，诱人食欲，独具特色。赣菜除了粉蒸肉，还有粉煎肉、粉糊肉、粉酥肉、粉烧肉、粉炒肉、粉晒肉、粉熏肉、香椿粉鲊肉等。这么丰富的以稻米衍生物制作的菜肴，在全国其他地区是很少见到的。

赣菜的粉蒸肉，有肥有瘦，红白相间，糯而清香，酥而爽口，嫩而不糜，米粉油润，香味浓郁。根据饮食习惯与烹饪方法，粉蒸肉可以偏辣，也可以偏甜；根据不同地

粉蒸肉

域的物产，选择配料也有所差异，既能辅以香菇、莲藕、芋头，也可配以南瓜、红薯、青豆等。如今，发源于江西的粉蒸肉，不仅流行于中国南方，而且遍及全国餐饮，并进入国际社会，成为中国菜肴的代表之一。

其三，精心选择，食材物尽其用。

赣菜取材广泛，吃的是“丰收”的原汁原味，是将鲜味追求到极致。这往往和食材的选择密切相关。在江西人眼里，水塘的鱼带着土腥味，只有环境优美的活水鲜鱼，才会鲜嫩可口；用流水线饲养的鸡鸭，没有在田野、山林放养的土鸡、土鸭肉香；炒、拌、煮兼宜的米粉，只有用优质稻米做出来才能让人称心如意。如果随意采用食材，即使名厨也烹调不出美味。

赣菜烹饪材料的选择，往往关注原料的营养价值、口味、品质，原料的饲养或者栽培时间、上市季节，原料的形态、色彩、光泽、水分、气味等。为了保证原料的品质与卫生，

泰和乌鸡汤

赣菜烹饪时，无论是鸡鸭牛羊还是鱼鳖鳝鳅，都要即杀即烹，甚至蔬菜也是即摘即炒。

赣菜对原料品种、季节的讲究，非常重视。例如：经常食用的鸡，就有仔鸡与老鸡之分，又有公鸡、母鸡、阉鸡之别，还有肉鸡与蛋鸡之异。

在江西著名的六种鸡之中，崇仁麻鸡重量适中，外形优美，酷似山中野鸡，营养价值独特。宁都黄鸡，原名“宁都三黄鸡”，林间牧养，个体矮小、肉质鲜嫩，具有“三黄”(喙、羽、胫）和“五红”（冠、髯、脸、眼圈、耳叶）等特征。泰和乌鸡，又称武山鸡，因原产于泰和县武山北麓而得名，具有“丛冠、缨头、绿耳、胡须、丝毛、毛脚、五爪、乌皮、乌肉、乌骨”十大特征。安义瓦灰鸡，羽毛紧贴身躯、光亮，呈灰色，同时有灰（毛）脚、灰喙，外形美观，体形较小，肉质细嫩，口感润滑，汁鲜味美。这四个品种，都是特优质型肉鸡。

老表土鸡汤

清蒸军山湖大闸蟹

东乡绿壳蛋鸡，羽毛为片状紧凑，鸡身呈菱形，喙、冠、皮、肉、骨、趾，均为乌黑色，鸡身则有黑羽、黄羽、麻羽、白羽和芦花等颜色。广丰白耳黄鸡，又称白银耳鸡，以其全身披黄色羽毛、耳叶白色故名。这两种鸡，都有觅食能力强、产蛋量多、个大的特点。

不仅肉食、吃蛋要选不同品种的鸡，即使同为制作菜肴，赣菜也会选择不同的肉鸡。如果炖鸡汤，就选用老而肥的母鸡，才能香味浓、滋味鲜；如果做脆皮鸡，就选择仔鸡，才能皮脆、肉嫩、味鲜。

赣菜的选材，还注重原料产地的不同。例如：

猪心莲子汤

军山湖大闸蟹，具有“大、肥、腥、鲜、甜”的“五星”特征，“绿、靓、晚”三大比较优势，是大闸蟹中的上品。其产地进贤县军山湖地区的水质、气候、生态环境，都非常适合河蟹的生长。军山湖大闸蟹，不仅是江西人的著名特产，还远销日本、韩国、新加坡等国。

制作不同的菜品，采用同样的肉类、蔬菜，还要选择不同的食材部位。笋用尖，韭用根，鸡用雌才嫩，鸭用雄才肥，这是基本原则。烹饪中最常用的猪肉，前腿肉肥瘦相间、质粗而老韧，后腿肉精多肥少，脊背部的肉鲜嫩异常，烹饪会根据不同菜肴需要而精心选择。

此外，赣菜的食材选择，还会一物多用，综合利用，物尽其用。例如：选择乳猪，制作“烤乳猪”；猪肉、猪肝、猪心、猪腰、猪肠，都可分别制作不同名菜；猪肺、猪血，都是汤品的好材料；猪头、猪蹄，可煨可烧，可煮可蒸，可酱可糟，可熏可腊，可冻可醉；猪皮亦可做“烧肉皮”“炸肉皮”等，还可以制成皮冻作为包子馅料。

## 三、烹饪特色

食材是菜肴的基础，但真正要制作出美食佳肴，还得靠烹饪技艺才能实现。赣菜的烹饪特色，可以用 16 个字来概括：刀工精细，火功独到，技法多样，味型丰富。

赣菜在刀工处理上，虽然有“三法十八种”之说，诸如切、斩、剁、砍、排、剞、削、施、拍、挖、敲等，但多变的刀法还可细分。同样是切，又可分为直切、斜切、推切、侧切、锯切、滚切等。刀工的基本要求是：大小一致，长短一致，厚薄一致，整齐划一，薄如蝉翼，细如发丝，互不粘连，美观均匀。经过加工后的原料，有块、片、条、丁、丝、粒、段、球、茸、泥等基本形态。每种形态的呈现又多种多样，仅片就有牛舌片、刨花片、月牙片、柳叶片、指甲片、马蹄片、双飞片、梳子片等近 20 种。而艺术刀工成形，更是多姿多彩，不胜枚举，如菊花形、牡丹形、兰花形、凤尾形、

赣菜烹饪技法之爆炒

麦穗形、荔枝形、网眼形、万字形、箭尾形等。赣菜还讲究突出主料，分色配料，切雕双绝，装摆美观，色彩和谐，菜名优美。

在烹饪技法上，赣菜以烧、焖、炖、蒸、炒为主。烧有红烧、白烧、干烧、黄烧、糟烧、辣烧等；焖有红焖、原焖、黄焖、酒焖等；炖有蒸炖、隔水炖、直接炖等；蒸有清蒸、粉蒸等；炒的技法更多，有清炒、抓炒、大炒、小炒、软炒、煸炒、滑炒、生炒、熟炒、熬炒、颠炒、爆炒等。当然，根据不同菜肴，有的会将烧、炖、焖、蒸、炒等多种技法综合运用，或先蒸后炸，或先炖后烧，或先烧后焖，使菜肴更有滋味、味更鲜美。比如，赣菜烧鸭时，先急火热炒，做好调味，然后用高压锅快焖，又重回锅中烧。这样烹饪，烧鸭烧制速度快，香味浓郁，口感上佳。

赣菜烹调注重火候

赣菜烹调时，注重火候，巧妙用火，使用不同的控火技术。火工的精当，是赣菜形成鲜、辣、香、醇独特风格的基本手段。在使用柴灶炒菜的时代，民间流传一句俗语——“烧火的师傅，炒菜的徒弟”，可见掌握火候的重要性。由于赣菜使用的食材多种多样，原料有老有嫩，有软有硬；形态有大有小，有厚有薄。制作要求有的需要香脆，有的需要鲜嫩，有的需要酥烂，因此，在烹制过程中会按照具体情况，采取各种不同火力对原料进行加工。适时掌握火力的大小与时间的长短，烹调就可以除去食材的腥、臊、膻，突出原料的鲜美滋味，做出佳肴。赣菜烹调时，根据火力的强弱，有旺火、温火、微火之别。旺火的火苗在炉口上能燎出一尺多高，火焰高而稳定，呈白黄色，光度明亮，热气逼人。一般用于炸、爆、氽、涮、烹、蒸等快速烹制方法，使食材香脆松嫩。温火则火焰未燎出炉口，火焰低而摇动，呈红色，光度较暗，热气很重。一般用于炖、煎、贴、滗等速度较慢的烹制方法，使原料软嫩入味。微火又称文火，火焰微小而时有起落，呈青绿色，光度发暗，热气不重。一般用于焖、炖、煨等需要较长时间的烹制方法，使原料酥烂而有清汤。

赣菜烹饪的特色之一，还有巧妙的调味。赣菜品种繁多，赣菜的调味也丰富多彩，有的使无味者增加味道，还有的矫正或者去除异味；有的能改变与确定滋味，还有的为菜肴增添色彩；有的增加菜肴的营养成分，还有的具有一定的食疗作用。赣菜常用的调料中，辛香类的主要有新鲜辣椒、干辣椒、辣椒粉、辣椒油、泡辣椒、辣椒酱、辣豆瓣酱、生姜、大蒜、胡椒、胡椒粉、花椒、花椒油等；鲜味类的，有各种肉类熬出的鲜汤、虾子、蟹子、虾油、蚝油、虾酱、蟹酱、鱼露等，而使用味精的越来越少。咸味类的调料有各种食盐、酱油、面酱等，传统烹饪喜欢用的则是豆豉、豆腐乳、腐乳汁等；甜味类的，有红糖、白糖、砂糖、冰糖、蜂蜜等；有时会采用苦味类的陈皮、茶叶，还有酸味类的各种醋、果汁、酱料，以及酸菜汁。芳香类的调料极为丰富，各种白酒、料酒、啤酒、酒酿、酒糟、糟油，香葱、桂皮、

赣菜中用到的香料和调味料

八角、小茴香、砂仁、丁香、桂花、芝麻、花生仁、核桃仁、麻油等。此外，其他佐料还有各种油脂，包括动植物油脂，以及芡粉、薯粉等使食材鲜嫩的配料。

在烹制菜肴时，这些调味料巧妙配合，相互渗透，融为一体，产生滋味。同时，各种调味成分相互作用，加以调和。赣菜调味方法细腻，既注重加热中的调味，也不忽视加热前和加热后的辅助和补充调味，做到口味定标准，投料按比例，用料时间恰到好处，投料次序分明适当。如赣菜中的粉蒸肉、粉蒸大肠，会放入酱油、辣椒末、白糖、料酒、葱末、姜末、胡椒粉等调味，既原汁原味又香味别具。上浆挂糊时，面粉和生粉均可，但必须在加热前上浆。赣菜这种细腻的调味方法，适应多种烹调技法，调和多种原料需要，有其内在规律，又有基本格局，从而达到最佳调味效果，产生颇具特色的赣菜味型。

当然，赣菜的烹饪特色是一个整体。从选料、备料、烹调到上菜，整个过程才算完成。除前述烹饪特色外，赣菜在配料时，注重营养成分的搭配和五味调和的原则，追求高蛋白、低脂肪的饮食。菜成后，还要选好盛具，讲求装盘的造型美，并适当选用异形盘，体现主题，表达特色，勾起人们的食欲。菜肴上桌时，有顺序原则，比如先冷后热、先味轻后味重、先淡后咸、先咸后甜等，都蕴含了相应的科学道理、饮食习惯和品赏规律。

# 四、烹饪技艺

烹饪技艺的精湛者，运用高超的技艺，使菜肴的色、香、味、形、器、质等方面和谐统一，把菜肴的食用、经济、美观紧密地融合在一起。烹饪艺术，是展现菜肴风味特色的艺术，是实用性与审美性相结合的艺术。赣菜的佳肴，无论从农村走向城市、从大众走到高端、从家宴走进酒楼，都是事厨者烹饪技艺的结晶，是江西人聪明才智的体现。

赣菜中，以鱼为主料的名菜很多，技艺各异。

“赣州三鱼”，即小炒鱼、鱼饼、鱼饺，就颇具特色。小炒鱼取草鱼鱼头，鱼骨斩段，鱼肉切块，用盐、酱油腌制片刻，拌入薯粉。把鱼头、鱼骨炸酥，鱼肉过油沥干，放姜、葱等作料炒成。鱼饼是将鱼肉剁成茸，加淀粉、鸡蛋拌匀，入油锅炸成金黄色，与猪肉汤、香菇及调料一起合煮而成。鱼饺，即把淀粉过细筛，铺在砧板上，取鱼肉一片，两面都沾上淀粉，敲打成圆形片，鱼皮面朝内，包进肉馅，对折成饺子形状，入沸水中氽熟即成。

吉安市吉水县的玻璃鱼饺，与赣州鱼饺相通，但是制作方法不同。先将无骨鱼肉切成四方薄片，放置碗内，再打入鸡蛋，加少许冬酒，搅和拌匀，干湿相宜，腌 5 分钟待用；然后将芋粉和已腌好的鱼肉蛋料，杵成薄片，成为饺皮；馅肉则用瘦肉、香菇、葱姜等调味而成；用芋粉饺皮包好即可；最后将鱼饺放入开水中煮 10 分钟，随即捞出，在凉水中冷缩澄清。食用时，放锅中加热，调味装盘即成，也可做汤菜。

赣菜中，还有其他鱼的烹饪加工技艺，各有千秋。有的清蒸，如清蒸鳙鱼头，将腊肉塞入洗净后的鳙鱼口内，把鱼头放在配有熟茶油、盐的盘内，蒸熟即成。这道菜，具有活、鲜、清淡、爽口、不腻的特点。有的清炖，如清炖荷包红鲤鱼，制作时将荷包红鲤鱼洗净留鳞，打花刀，放入香菇、油、盐、米酒、姜等清焖，吃时再放点葱。这道菜，色红而艳，汤

赣州小炒鱼

鱼饼

鱼饺

清肉白，味美香醇。

在鱼肉烹饪中，龙南捶鱼让人面目一新。

龙南民间有“不晓得捶捶鱼的，不算大厨师”的说法。捶鱼的主要原料，为鲜鱼（草鱼或鲢鱼）和薯淀粉。制作时将鲜鱼洗净，去鳞去脏除骨，剁茸成饼，和以精制薯粉推碾成薄片。煮时，鱼片先入沸水中汆熟，再捞出用冷水浸凉并切成条带，放入热汤煮熟，起锅盛入碗后撒上肉丝、香菇丝等拌料即成佳肴。这道龙南传统名菜，色、香、味、形俱佳，是滋补养身的美食佳品，历来为民间喜宴中的上菜。

用猪肉烹调的赣菜，同样多姿多彩。

被誉为“庐陵文化第一村”美陂古村，家家户户都会做青原红曲肉。做红曲肉的食材要求很严，要挑选现杀的土公猪五花肉，肉质清香，肥瘦适宜。烧制时，先将五花肉切块，入锅中焯水待用。炒锅放油烧热，将八角、桂皮炒香，放入五花肉爆香后，再倒入适量冬酒和少许酒酸、兑水的红曲粉。大火烧开后，放入调料，文火精炖，肉酥出锅。红曲肉色泽鲜亮，香浓味美，给人以热烈、喜庆，带来强烈的食欲感。这道菜虽然调料极少，但使用了天然红色素，即红曲霉菌在大米中培养发酵而成的红曲，故色香诱人，肉质细嫩，展现赣菜的原汁原味，具有难以言表的风味。

其他猪肉的菜肴，同样使人食欲大增。

宁都名菜肉撮，饮誉赣南，宁都一向有“不打肉撮不成年”之说。其原料为猪后腿瘦肉、薯粉、食盐，做法是把除尽肥油的瘦肉，放入石臼内，用力搅拌后放入钵内，撮成圆形放滚水中煮熟。打肉茸时，和以薯粉，适量放盐。每斤肉配薯粉 200 克，吃时脆嫩，易于消化。

婺源的传统名菜“糖醋鹅颈”，名称易联想起鹅的长脖子，却与鹅颈无关。其实，原料为瘦肉、豆腐皮、豆腐，以及葱姜少许，白糖、香醋少许。制作时，将瘦肉剁成茸，混匀豆粉，以豆腐皮包裹成圆条。油煎后，起锅切成小节，再次去蒸。装盘时候放入盆碟中，加糖下醋。这道菜色泽黄艳，甜中有酸，酸中有甜。

即使是同样类型的肉菜，也用不同的技艺。

糁子肉较为流行，与米粉肉、粉蒸肉异曲同工，却又另有巧妙。其烹饪时，先用烙铁烙或刀削去肉皮上的毛。洗净后，把肉切成约 3 寸长、2 寸宽、3 分厚的大片。备好的糯米或黏米、茴香，同时入锅干炒成黄色，磨成粉末。将备好的白糖和酱油的三分之二，以及米酒、食盐，与肉片拌匀腌几分钟。腌后再倒入米粉揉拌，使肉片均匀沾满米粉，然后一片一片放入蒸笼，用旺火去蒸。等蒸笼上了气，把剩下的酱油兑适量清水，轻轻洒在表面，加火再蒸。到肉片熟透，散出香味，肉油渗透米粉，便可取出食用。这道菜吃起来香软、油滑可口，老少皆宜。

猪身上的各种部位，赣菜都能够用来烹制美味佳肴。

吉水名菜“皱皮蹄花”，酥脆芳香，食而不腻，食材是猪的蹄髈，北方称为肘子。其制作方法是：将蹄花洗净，扣成一只盘形；以麻绳作十字紧扎之，放滚锅中煮八成熟，捞出待用。再把蜜水满涂于蹄花皮面，放通风处晾干，再下油锅烩炸。待蹄花皱皮色起锅，用大汤碗盛放，用蒸笼或高压锅蒸熟。最后，将蒸蹄花的原汁汤，加冬酒、酱油、食盐、佐料等制成的卤汁，淋盖在蹄花上面。皱皮蹄花金黄透亮，晶莹滋润，热气缕缕，道味诱人，入口即化，脆嫩酥甜，满口喷香，鲜美不腻。虽然所有蹄髈都能烹饪，但前蹄肉多，后蹄骨大，风味各异。

香脆肚丝，松脆可口，色明香甜，采用猪肚为原料。制作时，先将猪肚洗净，并剥去外皮切丝待用。另将冬笋、韭菜头、红椒，分别切丝，并用猪油炒熟，调好味，以盘装待用。再将油锅放灶上，加热至180摄氏度，趁热下肚丝，快炒2分钟，再倒入冬笋、韭菜头、红椒等熟料，与肚丝混匀，随即出锅装盘。

南昌街头巷尾出售的猪血汤，原材料是极为普通的猪血。猪血汤取料新鲜，讲究调味，要加葱花、姜末、蒜泥、辣椒粉、盐、酱、香油等调料。这样一碗猪血汤，血质嫩，汤料鲜，故能擅胜一方。

# 五、赣菜品赏

烹饪需要精湛的技艺，会吃也是深奥的艺术。精于体味，是饮食艺术的基本内容，也是饮食艺术的最高境界。但是，诚如《中庸》所言：“人莫不饮食也，鲜能知味也。”当然，古人也有“食无定味，适口者珍”的说法。赣菜技艺之所以不断发展，是由于有众多的食用者与爱好者。“一菜一味，百菜百味。”如果懂得赣菜的味型，做到“口中有味，心中有谱”，就能够更好地知晓烹饪的特色与优长，享受赣菜的美味，提升饮食的审美。

赣菜的食材优势、烹调技艺，形成了丰富的味型。大致可划分为原汁原味型、复合性味型和特殊味道型三大类。对于味型，这是烹饪时掌勺者的考量，也是享用时品赏者的评判。赣菜的三大味型，既博采众长，又有自身特色。

## 五味调和，首重原汁原味型

早在先秦时期，古人就提出了“五味调和”的原则。这是中国烹饪的基本要求，也是赣菜口味的关键所在。赣菜选择的食材，不少本身就有鲜美的滋味，如新鲜的时蔬、鸡鸭、鱼虾等。要一物持一物之味，一菜成一碗之味，就必须突出原料的本味。原汁原味型，是赣菜的主要特色之一。为了保持原汁原味，赣菜在烹调技艺方面有三种方式：一是宜淡不宜重，避免失掉本味；二是对有异味的食材，通过调味品，使原料鲜味相互渗透，又本味突出，以本为贵；三是对于味淡的食材，用其他美味促进鲜美，体现美味。

同样是鸡类菜肴，赣菜为了突出本味，就会采用不同的烹饪方法。例如：九江的板栗炖鸡汤，是秋季的滋补佳肴。秋天成熟的板栗补脾健胃、补肾强筋，鸡肉性味甘温，功用广泛，两者炖汤，正合其时。板栗炖鸡汤，吃的是汤的原汁原味，把鸡肉的鲜美、板栗的清新，融为一体。叫花鸡同样是以本味诱人，却使用煨烧之法，制作也更为原始。只需以湿纸将去掉内脏的鸡裹住，外敷以泥浆寸许厚，以柴草烧煨至泥浆干硬为止，去泥块后鸡毛自脱，自选佐料浇鸡。其特点是色香味俱全，鸡皮焦红脆嫩，鸡肉芳香可口，而且有滋阴补阳功效。

鸡在烹饪时，为了突出食材本味，即使是采用调料，也尽可能以少胜多。赣菜三杯鸡，就是典型的代表。以一杯油、一杯酱油、一杯水酒拌匀，配上生姜和葱，与鸡一起烹饪即可。三杯鸡色泽红亮，香鲜骨酥，肉嫩味浓，原汁醇厚，风味独具。此外，三杯甲鱼、三杯石鸡、三杯肫肝、三杯乳狗等，均采用三杯味型调和法，属于原汁原味型中的“三杯味菜肴”。此类菜品的共同特点是汁稠味浓、原汁原味，这也是赣菜的主要特点。

## 调料多样，明晰复合性味型

在菜肴调味中，甜酸苦辣咸五味调和，能调制出富于变化的复合味道。赣菜的复合性味型，主要以家乡味为主，也就是偏香辣、重咸鲜、喜浓醇。家乡味的调料，多采用干鲜红椒、新鲜蒜头、豆豉、精盐、料酒、酱油，进行综合调和形成复合味。制作家乡菜肴时，精盐调味，酱油、青蒜增色，干椒提味，豆豉增香更是必不可少，以突出家

家乡豆腐

乡风味，达到咸辣兼备、香鲜醇厚的美感。赣菜的“家乡鸡”“家乡鱼”“家乡肉”“家乡豆腐”“家乡牛肉”等，都是常见而有代表性的菜肴，具有咸鲜兼辣、豉香味浓的特点。

当然，由于各种调料、数量不同，加入的顺序有别，复合性味型的赣菜，也就口味丰富，变化无穷。除了上述味道，还有咸香味、咸甜味、鲜咸味、香辣味、酸辣味、麻辣味、鱼香味、酸甜味、椒盐味等。

## 注意差异，分辨特殊味道型

赣菜烹饪中，不仅味型差异明显，同一种味型还有浓淡之分、轻重之别、层次之区。如今，社会交往便利，人员流动频繁，餐饮走向外地，菜肴相互借鉴，赣菜不断开发出新菜肴，出现了风格别致的特殊味型。这些特殊味型的产生，新潮菜品的涌现，新型调味的使用，新式风味的嗜好，新饮食观的追求，都是多种境况下的自然走向。赣菜的特殊味型，以多滋味、姜茶味、橘香味为代表。

多滋味的调料，除了赣菜传统的姜、葱、蒜、辣椒、胡椒、五香粉，还有精盐、酱油、白糖、黄酒、红油、红椒粉等多种当代调味料的调和。这些调味品的复合叠加，使菜肴中咸、甜、辣、鲜等多种滋味共存，一菜多味，别具一格。鸡、鸭、鱼、猪肉等食材，经过炸、熘、爆、炒、烤，都能制作出多味菜品。

赣菜姜茶味的出现，是茶叶有益健康观念的深入人心，脍炙人口的茶宴受到欢迎，因此茶叶菜肴越来越多。其味源是，将老姜洗净去皮，与茶叶汁、精盐、香葱、香油等调和而成。其味清鲜淡雅，略显苦涩，又隐甘香，菜品爽口。在调味中，重用姜茶汁液，精盐定味，香油衬托，突出姜茶的浓郁香味。

姜茶鸭子，是赣菜中典型姜茶味菜肴，由姜茶汁与调味料一起烧焖而成。其甘香清淡，辛辣鲜嫩，饶有风味。此类创新菜品，还有姜茶虾仁、姜茶鳜鱼、姜茶鸽子、姜茶豆腐等，广泛采用炒、熘、烧、烩、煮、爆、腌等烹调方法。

南丰蜜橘皮薄核少，汁多渣少，色泽金黄，甜酸适口，营养丰富，为“食之悦口、视之悦目、闻之悦鼻、誉之悦耳”的水果，以色、香、味、形俱全而享誉古今中外。正是在此基础上，赣菜的新型橘香味应运而生。橘香味以南丰蜜橘皮、橘汁、精盐、白糖、料酒、葱、姜调和而成，利用鲜橘汁、鲜橘皮的特有芳香，调和菜肴滋味，增强香气色泽。其特点是菜肴橘香味浓，具有养生功效。橘汁鱼、橘皮鸡丝、橘味虾、金橘粉蒸肠、橘香狗肉等，均是橘香味热菜，以新颖别致、风味独特而闻名。

## 六、吃遍江西

华夏是烹饪王国，江西名菜不胜枚举，很多被列入了《中国名菜谱》。能吃，能喝，有烹调手艺，会享口福，是江西人的特点之一。江西不仅有许多擅长烹饪的专业厨师，而且很多家庭妇女和农村老太太都是厨艺高手，她们常说一句话：“看看我的手艺！”不仅城市的著名酒店有名菜，穷乡僻壤的简陋饮食店同样有“一招鲜”；不仅集聚餐饮的美食街有名菜，而且“一餐一桌”的美食深入小巷深处。

除了前面介绍的赣菜名菜，江西还有许多著名汤品。例如：瓦罐汤作为南昌的传统美食，种类繁多，各式各样的口味满足了不同人的多种需求。每种汤品，已经形成“系列化”，肉饼汤系列就有墨鱼肉饼汤、香菇肉饼汤、桂圆肉饼汤、鸡蛋肉饼汤、鸭蛋肉饼汤、雪梨肉饼汤等，排骨汤系列有墨鱼排骨汤、香菇排骨汤、萝卜排骨汤、莲藕排骨汤、海带排骨汤、桂圆排骨汤、冬瓜排骨汤等，鸡汤系列有天麻乌鸡汤、鸡腿汤、萝卜鸡汤、鸡杂汤、香菇鸡汤等，鸭汤系列有茶树菇老鸭汤、香菇鸭块汤、墨鱼鸭块汤、鸭腿汤、鸭杂汤等。至于单品一枝独秀，如武宁县什锦汤等，也不在少数。此外，江西小吃也有许多地方名品，如清汤泡糕、酒糟汤圆、白糖糕、伊府面、金线吊葫芦、米面、灵芝糯团、兰花根、松糕、修水哨子等。

“纸上得来终觉浅，绝知此事要躬行。”

饮食文化需要知行合一，方能产生实际效应。真正了解赣菜特色，理解赣菜文化，也需要走遍江西，吃遍江西。江西“风景这边独好”，有着丰富的旅游资源，名山大川、人文景观、革命遗址应有尽有，值得深度旅游，值得一边旅游一边品赏美味佳肴。

江西曾经评选出“游客最喜爱的十大赣菜”，其依据是口味、质地、地方特色、营养卫生、造型、色泽和文化内涵等。“十大赣菜”是：鄱阳湖胖鱼头、四星望月、藜蒿炒腊肉、庐山石鸡、余干辣椒炒肉、萍乡烟熏肉、莲花血鸭、老表土鸡汤、永和豆腐、井冈烟笋。另外，江西还评选出“20道江西精品赣菜”：鄱湖野生鳜鱼炒粉、金汤鲜银鱼、吴城狗肉、婺香荷包红鲤鱼、临川牛肚皮、仙女之吻、临川藕丝、甲鱼煮粉皮、永新狗肉、井冈竹鼠、赣南小炒鱼、三杯鸡、八卦豆腐、明月山温泉豆腐、昌南一锅鲜、乐平白切狗肉、八戒戏凤、乡村小河鱼、萍乡小炒肉、高岭土煨肉。

其实，这些远不是赣菜的全部。从省会南昌出发，走遍江西大地，各个地方都有特色菜、招牌菜。

南昌风味佳肴有松湖米粉肉、家乡肉、红酥肉、冬笋干烧肉、栗子焖肉、杏仁排骨、啤酒烧鸭、烧杂素、油浸鱼、熏鱼、卤水白鱼、糟烧蟹脚、安义花椒鸡、盐包鸡、酱鸭、竹筒米粉肠、瓦罐煨汤、牛肉炒粉、豫章酥鸭、白汁玉翅、扣肘盐菜、大塘东坡肉、罐煨肉、绉纱扣肉、鱼饺、鸡火蹄燕、粉蒸肉、糊羹、空心鱼丸汤、白糖糕等。

九江风味佳肴有炸石鸡、石鱼炒蛋、石耳炖鸡、鲤鱼跳龙门、浔阳鱼片、清蒸鳜鱼、芙蓉蟹羹、白浇鱼头、庐山素烩、小乔炖白鸭、豆豉爆肉、浔阳鱼糕、酒糟鱼、修水哨子、武宁什锦汤、麻糍粑、碱水粑、薯粉丸子、湖口米粑、永修东坡肉、水浒肉、浔阳鱼饺、灌汤田螺等。

景德镇风味佳肴有知事肉、瓷泥煨鸡、高岭煨肉、乐平白切狗肉、原笼船板肉、波浪肉、金丝蹄髈、臭鳜鱼、三丝鱼翅、湖田夹栗肉、炙肠、八宝炖盆、塔前糊汤、山珍扣肉、碱水粑、苦槠豆腐、桑叶饺、苋菜糊、清汤泡糕、鲫鱼豆腐糕等。

萍乡风味佳肴有萍乡小炒肉、莲花血鸭、大烩羊肉、三层楼、红白肚尖、萍乡烟熏肉、荷叶肉、花酿鸭掌、芙蓉鱿鱼、酥炸石鸡腿、五彩鱼钱、粉皮羊肉、武功冬笋、老表土鸡汤、炒田螺等。

新余小炒肉

新余风味佳肴有全家福、仙女之吻、清炖武山鸡、蛋白翘嘴鱼、锦绣皇廷鱼、新余小炒肉、清蒸腊肉、大烩黑山羊、香辣牛蛙、酸萝卜老鸭汤、吴氏无水烧鹅、荷塘酥藕夹等。

鹰潭风味佳肴有泸溪活鱼、上清豆腐、天师板栗烧土鸡、天师八卦宴、番茄青蚝汤、牛肉丸子汤等。

赣州风味佳肴有四星望月、赣州小炒鱼、宁都三杯鸡、流浪鸡、炒东坡、荷包胙、响铃鱼饼、蝴蝶鱼、双层皮腊肉、香质肉、爆满山红、月亮花生巴、南安板鸭、粉蒸肉等。

宜春风味佳肴有慈化鸡、宜丰松肉、包圆、炒扎粉、明月山温泉豆腐、汗蒸禅宗老笋干、袁州艾叶粑等，还有著名的是“袁州八景宴”。

上饶风味佳肴有鄱湖飞雀、流浪鸡、雄鱼头烧豆腐、藜蒿炒腊肉、广丰豌豆烧鲫鱼、炒毛蟹、银鱼炒藕丝、信州芋头牛肉、弋阳扣肉、鄱阳三色鱼、广丰千层糕、弋阳扣肉、婺源蒸菜、广丰羊肉、横峰狗肉、万年咸肉、铅山石骨、田敦牛肉、应家干煸豆豉粿、应家菜煮饭团、余干辣椒炒肉、玉山临江湖豆腐、饭麸粿、麻糍粿等。

吉安风味佳肴有文山肉丁、全副銮驾、永新血鸭、血鳝、永新南乡围扣肉、熟炒肚尖、三杯乌鸡、清炖武山鸡、万安鱼头、永丰霉鱼、宸肉、油淋鸡、粉晒肉、井冈烟笋烧肉、橘香鱼丝、烧脚鱼、安福火腿、遂川板鸭、红曲肉、鹅颈、井冈豆皮、酱萝卜老鸭汤等。

抚州风味佳肴有八宝扣鸭、目鱼粉皮、广昌肉丸、鸳鸯蛋菇、南丰鱼丸、南城鱼脯、油淋鸭、桂花鱼皮、炒鱼丝、宜黄漂丸、宜黄薯粉饺、临川牛杂、冻米肉丸、葵花广莲、资溪酒卤鸡、崇仁滑肉、乐安霉鱼、南丰鱼丝、南丰鱼卷、临川藕丝、鱼丸汤、龙须豆腐、豆腐花汤、骰子脑髓等。

当然，走遍江西，品尝赣菜，看到赣菜的色泽，闻到赣菜的香气，品尝赣菜的味道，感受赣菜的形式，一定会有切实的口腹感觉。但是，要认识赣菜原汁原味的特色，知道赣菜文化的内蕴，把握赣菜文化的传统，体会赣菜文化的魅力，真正成为赣菜文化的鉴赏者，还要有更多的参与和准备。

一是具备烹饪知识。中国的饮食烹饪，包括丰富的科学、技术、文化，赣菜作为其中的内容，也是具有同样的特性。在烹饪知识方面，赣菜烹饪的基本原理，选材用料的选择与配备，切割技术的刀工刀法，烹饪方法与火候的调适，不同器具的合理选取，菜肴取名的原则与创意，都是必须具备的常识。

二是丰富文化体验。在品尝赣菜美食时，会获得生理上的愉悦感，但并不能全面感受独特的赣菜文化。我们不仅要品尝赣菜加工之后的成品，还要观赏厨师烹调的现场演示，了解赣菜制作的全过程。如果有机会，亲自参与赣菜的制作加工，更能体会赣菜工艺的精致和独特，把握赣菜文化的内涵。

三是了解江西文化。赣菜有着悠久的历史，很多菜品都包含着文化意蕴。例如，许多菜品流传着民间故事，宴席有“庐陵宴”“鹰潭天师宴”“井冈山红色宴席”等，无一不与江西历史文化相联系。对江西标志性的山水文化、陶瓷文化、民俗文化、地域文化、儒释道文化、名人文化、红色文化等了解越深，越能在大快朵颐时体验赣菜的内涵与魅力。

走遍赣鄱，吃遍江西，将获得更加丰富的视觉体验、听觉体验、嗅觉体验、触觉体验、味觉体验和愉悦感受！

# 第四章 饮食民俗

YINSHI
MINSU

“百里不同风，千里不同俗。”赣菜在烹饪与享用过程中，形成许多传统的风尚、礼节、习俗。这些饮食民俗，既出现在日常生活中，也盛行于年节庆贺时；既流行于社交活动，也规范着时令节气；既有遵循的饮食信仰，也有需要规避的民间禁忌。

# 一、日常饮食

江西气候温暖、四季分明，盆地平坦、丘陵起伏，河流纵横、田湖相依，土壤肥沃、生物多样，有着丰富的物产资源和良好的自然条件，是全国重要的商品粮生产基地。

江西人以稻米为主粮，喜食晚稻，每日三餐，常年以米饭、粥为主食，并辅以面点、米粉等。如今，早餐更为丰富，面包、牛奶、鸡蛋，甚至广式早茶，都上了城乡家庭的餐桌。

江西畜牧业发达，鸡、鸭、鹅、猪、牛、羊，都有大量养殖；水产业也很兴盛，鱼、虾、螃蟹都有名产。山珍方面，原来是野鸡、野兔、野猪、麂子、蛇等，如今为了保护野生动物，更多地食用香菇、木耳、竹荪、竹笋等。蔬菜方面，除了各种时新叶菜，江西还盛产番薯、花生、生姜、黄豆、绿豆、红豆、白豆、豌豆、蚕豆、扁豆等。现在，虽然很多国外快餐来到江西，日常饮食人们还是喜欢本土食材、

三黄鸡汤

井冈豆皮

安远酿豆干

家乡风味的新鲜爽口，百吃不厌。

在家常菜中，鸡或清炖，或红烧，烹制的各种美味佳肴，如洪都鸡、新雅鸡、弋阳鸡、手拉鸡、红松鸡、布袋鸡、干贝封金鸡、冬菇煨鸡块、芙蓉鸡块、肥肠烧鸡块、琵琶鸡腿等，都广受欢迎。在江西水乡，人们喜食鸭子，著名的鸭菜有柴把鸭、三杯子鸭、炒血鸭、馄饨鸭、板丸黄焖鸭、芙蓉鸭片、佛手鸭腿、菜心烩鸭掌等。至于鱼、肉的菜肴，更是数不胜数。各种蔬菜，往往加点肉，就是一种家常菜的新品。

江西古人饮食，向来崇俭，日常生活不杀生，一般家常有青菜豆腐等，只有宴会才有丰盛菜肴。正因为如此，豆制品在日常饮食中占有重要地位，也有许多常见的佳肴。江西豆制品品种多，质量好，白豆干、酱豆干、油炸豆干、豆腐条子、豆泡、豆皮、水豆腐等，可烧，可炒，可打汤，用途甚广，名目繁多。豆腐菜中，新雅豆腐、一品豆腐、口袋豆腐、肉末豆腐、白玉豆腐卷、韭菜烧豆干、肉炖豆泡、井冈豆皮、毛豆炒酱

江西水稻

干等，都是日常生活的家常菜。

荤菜与素菜的搭配中，在烹制鱼、肉、蛋等菜肴时，无论蒸炒煎煮、红烧清炖，均佐以生姜。民间俗语“冬吃萝卜夏吃姜，不找郎中开药方”，是对萝卜和姜价值的最好阐述。民间还常常用到香菇制作菜肴，如香菇炖鸡、香菇炒肉、香菇菜心、香菇烩鹌鹑蛋等，既香气扑鼻，又营养丰富。荸荠生食鲜甜爽口，熟食则清淡脆嫩，也常用来配菜。荸荠制成的淀粉，再制成优质粉丝，又丰富了家常菜的食材。此外，芋头和甘薯常用来炒菜吃，也有的经油炸制成薯丸，或者制作成粉丝，成为新的食材，再加工后味道颇佳。

赣菜炒菜用油，传统主要有两种：菜籽油和茶油。江西红壤是酸性，适合油茶树生长。但油茶树生长缓慢，挂果率低，因此，茶油价格较菜油的贵。茶油色泽金黄或浅黄，品质纯净，澄清透明，气味清香，味道纯正。茶油热炒菜品，色美味香，清爽可口，不觉油腻；煎炸食物，耐受高温，菜品健康；烘烤涂抹，食物鲜香酥脆，口感爽滑，不易煳焦；煮汤后加油，清鲜味美；凉拌菜肴，色泽鲜亮，口味爽滑，清淡不腻。菜籽油色泽金黄或棕黄，适于油炸食物。

民间家常菜的烹饪，与酒店的技艺不同，有不少俗语形象地说明了特色。例如：“炒菜有法，油煎火捺。”炒菜方法，采用猛火，重油少汁，菜香四溢。又如：“煮粥有巧，三十六搅。”煮稀饭时，必须守在锅前，勤快搅拌，稀饭才不煳。再如："火要空心，人要实心。"烧柴灶时，只有把柴火架空，才能灶火旺盛。生火的道理，也是做人的真理。这类俗语，是智慧和经验的结晶。

赣菜的家常菜，往往会与季节养生相适应。每年清明节，赣南都要制作青团。青团是使用当季鲜嫩的苎叶、艾叶、白头翁、鱼腥草、鸡屎藤和使君子等青草，加上大米磨成的米浆制成的独特食物。

赣南青团

青团不仅具有一股特有的青草芳香，而且性温可祛风祛湿，是春季的保健食品。

农历入伏天，赣州人习惯食用“仙人粄”。因为进入夏季，气候炎热，调养应清热消暑，健脾益气，顾护胃阳。据说，吃了色黑而甘甜的“仙人粄”，整个盛夏都不会长痱子。

安远蒸酿粄

秋季日趋凉爽，气候干燥，饮食以润燥为主。百合雪梨肉饼汤，成为补益的汤品。饭后水果，赣南脐橙是第一选择。脐橙肉质脆嫩，风味浓甜，芳香浓郁，甜酸适度，具有和中开胃、降逆止呕、润肺清燥的功效。

安远牛肉搓粄子

冬季天气寒冷，易受风寒，宜食温热饮食。这时，牛肉、羊肉成为首选。同时，米酒温热品饮，甘甜芳醇，暖胃暖心，增进食欲，有助消化。

在江西日常饮食中，礼仪依然不可少。儒家经典《礼记》对饮食行为的规范，为赣人所遵循。《礼记·曲礼》要求：“共食不饱，共饭不泽手。毋抟饭，毋放饭，毋流饮，毋咤食，毋啮骨，毋反鱼肉，毋投与狗骨。毋固获，毋扬饭。

饭黍毋以箸。”意思是：大家一起用餐，手要干净卫生；不要用筷子拨弄碗里的饭菜，喝酒饮汤时不能太快而发出像水流的声音，吃饭菜时口中不可一口吃太多，不要把吃剩的肉骨头扔给狗吃，不要一直夹自己喜欢吃的菜肴，不要用筷子举扬黍饭。

在赣南，即使粗茶淡饭，规矩也不能乱。家中长辈吃饭座位，一定是正对大门的上座。若是家里吃鸡，鸡头、鸡胸肉、鸡肝、鸡胗都要给长辈吃，以示尊敬。如果吃肉，通常会切些瘦肉汆汤，还会炒些肥瘦适度的做下饭菜。至于骨头等，通常不会煮来招待客人。民众日常生活中，这些吃饭时讲究礼貌、尊敬长辈、讲究吃相的品德，都是中华民族优良传统的体现。

## 二、赣菜宴席

在日常的交际过程中，人们会设宴款待来客，以示热情友好。在婚嫁寿辰等重大日子里，人们喜欢举办酒席，以示庆祝。各种各样的宴席，传达了东道主不同的设宴目的。

宴席的规格高低，在不同地域、不同生活水平的家庭中各有差异。一般因事制宜，丰约有别。寿宴、迁居等红喜事丰盛，婚嫁则居中，丧事则较简。酒席用料以鸡鸭、猪肉、鱼虾为主，也有海鲜等高档菜肴。主要菜式有十特碗、四盘四碗、八大八小、十二围碟、扣肉席、海参席、银鱼席、上四下五式、二十四碗的座台点心席、肉圆鱼鳔席、官司席、燕窝席、鱿鱼席、墨海席、水席、四克四落席、牲席、十碗八碟席等。

十特碗，又称“御赐宴”，据说是皇帝赏给新科状元的宴席，菜肴数量为十碗。旧时安福县科举昌盛，乡人为激励士子，仿御赐宴式操办宴席，流传至今。“十特碗”，在其他县市也称“十大碗”，其名称一般以主菜命名，如席中有银鱼则叫银鱼席，有海参则叫海参席。出菜的先后也有规定，一般红烧肉和扣肉须席中出，鱼则席末出，意为有肉有余。

海参席属于高档宴席，用料比较讲究，一般是五海五岩（五碗水产品菜，五碗禽畜品菜）。第一碗菜出海参，所以称海参席。水产品菜和禽畜品菜交错上菜。菜肴有海参、鱼鳔、鱿鱼、鱼圆、江瑶柱、清蒸鸡（或炖全鸡）、炖全鸭、狮子头、蛋卷、香菇肉片、炖肉或扣肉等。这种多为筵请高级宾朋所用。

肉圆鱼鳔席，属于普通宴席，普遍采用九碗四盘的菜量，也有十碗四盘和十二碗四盘的。菜肴一般为鳔子、三圆（肉圆、鱼圆、杂圆）、捶鱼（或酥鱼）、鱿鲼、肉片丝、汆肉、

宴席中的扣肉

宴席中的鱼鳔汤

氽鸡鸭内杂、炒猪杂和糖卤猪肉等。盘一般是干菜炸鱼、白斩鸭、腐片和炒豆干等，但也有炒肉丝的。

银鱼席，在莲花、安福等县较为常见，安福为十个菜，莲花为九个菜。用银鱼或墨鱼照面，不扣肉，只用鱼，其余则为炒菜。

鱿鱼席，为崇义县的一种传统宴席。以鱿鱼虾米、扣肉、红烧肉、白斩鸡、肉丸等为头菜，加肉丝、肉片、牲杂等凑成十二个菜。

墨海席，为丰城市农家的普遍酒席。菜肴有炒豆子、墨鱼（以干笋或萝卜丝垫底，墨鱼丝铺面）、熬肉（红烧肉）、人参豆腐、粉丝、萝卜烧排骨、海带、滑川、丸子、鱼等。

水席，为丰城较富有的人家的节日酒席。菜肴有十大碗：海参、红烧鸡或白切鸡、鱼、肚、扣肉、糊羹、八宝饭或木耳炒肉片、粉丝、干箸镶墨鱼、肉丸子。

官席，是官场中应酬和豪富之家才有能力举办的盛宴。菜肴有燕窝清蒸鸽蛋、鱼翅、海参、鱼鳔、江瑶柱和鱼、鸡、鸭、牛、羊、猪等肉菜。

四克四落席，为铜鼓县的普通酒席。“四克”即笋片、米粿、豆腐、猪肉。因为菜都用一仰一覆碗盛菜上桌，所以叫“克”；“四落”即这四个克碗菜拿掉上面的覆碗，菜落满桌所以叫“落”。外加心肺、巴丝、墨鱼、黄花、肚片、鱼共10碗。都用本地白底蓝花边碗盛菜，菜量充足，能供饱餐，属普通宴席，所以称“茅柴饭”。

牲席（十碗荤），在铜鼓县各地都较流行。菜肴有银鱼（巴丝打底）、墨鱼（肉丝、豆腐丝打底）、羊肉、鸡、红烧肉、炸肉、猪肝、肉片、肚片、全鱼。酒席不用素食，碗碗有“牲”。这种酒席用料较昂贵，上菜较讲究，是富裕之家喜庆宴客所用。

十碗八碟席，是一种接待高级宾客的高档宴席。十碗是：海参、燕窝、鱼翅、洋菜、香菇、肉圆、银鱼、墨鱼、扣肉、鲜鱼。八碟是：卤猪肝、卤牛肉、卤鸭子、卤鸡杂、卤鸡、香肠、酸醋萝卜、油炸排骨。由于碗碟多，不适宜多办席面，一般以一二桌为宜。

中华人民共和国成立初期，酒席都很简便，一般盛行四盘两碗的便席。改革开放后，经济日趋活跃，人们收入不断增加，生活水平日益提高，酒席也越来越丰富。城乡多数席面改碗为盘碟盛菜，一般八盘、十盘、十二盘不等。酒席有冷热拼盘、野味时鲜、炖炒红烧，样样俱全。菜肴更加讲究：冷切有猪心、猪舌头、香肠、板鸭等，红烧有猪肉、牛肉、猪脚、鸡、鸭、鱼，热炒有猪肉丝、猪肚片、猪肝、猪腰花、牛肉、鳝片等，汤有清炖全鸡、心肺、排骨、甲鱼等。有的还备有菜谱，各地名菜，应时上席。经济条件较好的，备办酒宴菜肴有 24 盘之多。龙南有二十四碗菜的座台点心席，采用十一碟十三碗。十一碟一般指：莲塘甘蔗、江东荸荠、名贵香烟、极富瓜子、清蒸烧卖、鲜肉饺子、猪油酥饼、嫩脆凉薯、红袍柑子、广东荔枝、河南红枣。十三碗一般指：精制槌鱼、清炖肚肺、肉汤珍珠、油粉肉圆、清蒸全鸡、木耳炒肝、红烧鱼丁、鱿鱼肉丝、糖酥全鱼、清炖全鸭、干炸鱼片、油炸鱼丸、全角扣肉。也有用京果海味的，如用莲子、白木耳、燕鱼肚、海参、鱼翅等。总之，随着佐料和调味品种的增加，烹饪技术的不断交流与发展，菜肴的花色品种也不断翻新。

在江西传统乡俗饮宴中，保留有“安席”、音乐、劝酒等礼仪，寓伦理道德和艺术享受于饮食中，显示出饮食与儒家文化教育的融合。

“安席”，为乡宴序幕。众客站于门外空地，东道主与礼生逐一请首席、二席等客人入座。在爆竹和音乐声中，

宴席中的红烧肉

客随礼生动作，作揖施礼，礼生对客席座凳、碗筷逐一挪动并随之一揖，表示对“安席”客人的尊敬。客立于门槛外加礼，而后转身向众客作揖表示歉意，再随礼生引带至席位。整个过程在肃穆气氛中进行，稍有差错则视为对客人失礼，影响饮宴气氛。席位次第，东道主与礼生早已排定。儿子结婚，首席为母舅；妻子生日，首席为丈人；男子生日寿宴，首席为族中辈分、年寿最长者；东向、西向、北向不安席。“安席”虽有些繁琐，但其中富有浓厚的伦理道德意义，客中即便有政府官吏、员外富商，也不能逾矩。宴饮中申伦理之礼，座次中明长幼之序，礼仪之邦风范犹存。

“劝酒”，以表示东道主对客人的诚意。每席北向席设有一“东道”，厅堂中如有数席，则紧靠大门一席的北向座位中有一“大东”。菜上一盘则敬酒一盅，到尾菜动筷则是敬“圆盅酒”，然后鸣爆竹散席，送客。

饮宴奏乐，既是古风承传，也是艺术享受。饮宴始终有“吹打”相伴，唢笛三弦吹奏，“十番”锣鼓依音乐节奏敲打，营造一种欢乐气氛。乐曲都是江西境内的小曲，如《状元游街》《八月桂花》《斑鸠调》等。地方小曲，都很熟悉，很容易营造浓厚的喜庆气氛，调动饮食者的食欲，使饮食者在最佳精神状态下进食，从而获得美的享受。

丧事酒席，则以大鼓、破锣为敲打乐器，在简单的鼓点重复中，以沉重、撕裂的声响营造一种追思的氛围，上升为一种伦理、礼仪之温馨，上升为人际情感的交融。乡宴中演奏音乐的传统，使江西饮食文化位于更高的层次。

以上是古代宴席传统，随着社会变革、经济发展、饮食变化，当代宴席样式呈现出多元化的特点，宴会礼仪要求符合时代风尚。有的国际性活动的宴请，更是强调国际交流的范式，包括席位安排、接待礼仪、所上菜品、用餐方式、传看顺序、助兴致辞、礼宾规范，都要与国际接轨，并符合来宾国家的礼仪习俗。但是，尊重宾客、文明礼貌、讲究礼仪的传统内核，依然存在于时尚之中。

## 三、年节菜肴

在古代清苦的生活中，为了调剂日常饮食与增添营养，江西人有定期共同用餐的习惯，城市作兴“打牙祭”，乡村则月月有聚会。城市中，商店、作坊于正月初二“起牙”（有的地方为正月初四）。此后每月初二、十六为“牙祭日”，备办酒肉吃，称“打牙祭”，腊月十六为“圆牙”。在农村，则每月最少有一次餐聚，既能打破单调，又能增添喜庆。由此形成的岁时节日食俗，代代相传，沿袭至今。

江西的节日饮食，具有鲜明的地域特色，且大多以当地的土特产品为食材。这些节日分布全年，又与农历节气、民众生活密切相关。除了全民性节日，有的节气也有节日属性。这里，先介绍较为重要、广为人知的节日——春节（含除夕、小年）、元宵节、清明节、端午节、中秋节、重阳节的饮食习俗与赣菜菜品。

春节是最隆重、最热闹的节日，是持续时间最长的节日，也是赣菜最集中、最丰富的节日。其他节日的饮食，则与时令和寓意契合。这些节日，江西是“大同小异”，“大同”者，意义、信仰、民俗指向是一致的；“小异”者，具体习俗、食物会有地方特色。在江西，从年前的小年开始，就已经算作春节了。其间，人们设宴祝贺，在大年初一达到春节高潮。此后，几乎每一天都有特别的庆祝，直到正月十五元宵节。只有过了元宵节，才算过完春节。

除夕的年夜饭，是年末最隆重的聚餐。“除夕，各家以特醴、白饭供寝堂，聚族合飨，回各家团年，大小聚食，谓之‘吃公婆饭’，亦曰‘团年饭’”（《分宜县志》）。

红烧鳜鱼

清蒸鲈鱼

南昌的年饭菜肴很丰盛，有十多道菜，讲究的四冷、四热八大菜，两个汤。一般来说，炒年糕、红烧鱼、炒米粉、八宝饭、煮糊羹是必不可少的。炒年糕寓意年年高升，红烧鱼表示年年有余（如用鳜鱼，则表示富贵有余），炒米粉表示粮食丰收、稻米成串，八宝饭表示八宝进财，煮糊羹寓意年年富裕（对小孩则表示粘糊住口，不乱说话）。年饭的其他菜肴均可以吃，唯独鱼不能吃，意思是有吃有余（鱼）。

关于拜年，南昌地区流传这样一句顺口溜：“初一的崽，初二的郎。”意思是：初一儿女们要给父母亲拜年，初二女婿要给岳父岳母拜年，去拜年还要捎带些年货孝敬老人，老人则杀鸡宰鸭予以招待。拜年时，主人用瓜子、糖果、点心招待。南昌地区还时兴过“上七”（正月初七），有“上七”大过年的说法。这天会很热闹，同样要杀猪买鱼，摆丰盛家宴，也邀请叔侄、外甥诸亲戚来家做客。

赣南的年夜饭尽管各家各户不尽相同，但有几道菜是必不可少的。一是鸡肉。在客家人眼中，鸡乃吉也。吃了鸡，新的一年就会事事吉祥如意。二是鱼。过年吃鱼，来年就会年年有余。三是酿豆腐。既饱含对故土家园祖先的无限怀念之情，又希望家人可以和和睦睦、团团圆圆。年夜饭的菜肴数量，也有吉祥之意。六道菜，取其“六六大顺”；八道菜，即“恭喜发财”；十碗菜，表示“十全十美”；而十二碗，象征一年的十二个月，意思是“年年有，月月足，早食米饭不食粥”。客家菜肴用双数，以表吉祥，因为好事成双，双数能带来好运。

而萍乡的除夕团圆饭又不同，扣肉、油豆腐、鱼是必须有的几样菜。团年饭喜“十大碗”，取十全十美之意。最忌八碗菜，因其契合“七生八死”之辞。另外，与宜春地区相邻的乡镇，每近年关，家家户户会纯手工捣制几十斤甚至上百斤年糕，不仅自家食用，还能馈赠亲友。年糕可蒸可煮可煎，可甜可咸，因其谐音“年年高”而受欢迎。元宵结束，萍乡话称为“出元宵”，以吃元宵来度过节日。不过，萍乡人认为水磨糯米粉制成的元宵，口感最佳。

清明节时，食物“俗尚春饼，城面以麦，乡面以米，薄者佳”（《新建县志》）。用米和麦制成简单朴素的薄饼，叫作“春饼”。清明前一两天是寒食节，“粉米做粿，谓之‘茧粿’，或谓‘饭粿’，仍寒食之风”（《上饶县志》）；清明节用米、麦、粉做成粿类食物，体现出食物朴素的寒

萍乡艾米粿

食之风。清明时节，江西还会用糯米酿酒。“是日酿酒，曰‘清明酒’，色红而味甘”(《安义县志》)，“糯米酿为水酒，清明及冬至酿者尤胜。纯酿不亚绍兴”(《万载县志》)。这种“清明酒”，颜色呈红色，味道甘甜，品质不亚于绍兴酒。

清明祭祀，萍乡人会特制艾米粿作为祭品。制作艾米粿时，先采柔嫩的艾，细细择拣，在大锅里加入清水和适量石灰熬艾。至艾烂熟，挤尽其中水分，加入适量糯米粉，揉成米粿状，蒸熟即可。艾米粿颜色深绿，芳香特殊，气味怡人，口感细腻，寓意苦尽甘来。

端午节预示暑夏来临，疫病也开始流行。为了辟邪、驱虫、消毒，江西有插蒲、艾和饮雄黄酒之俗。南昌县“五时插蒲、艾，午过收之；以艾溅雄黄酒洒地辟毒，以雄黄酒涂儿额及两耳以避虫”，“晨起饮菖蒲、雄黄酒以治聋，余酒遍洒堂室以禳毒。做角黍祀祖先，戚友相馈”（《乐平县志》）。传说端午节饮用菖蒲、雄黄酒，可以治疗聋病，故叫“开聋酒”。这一天，家家户户都吃粽子。粽子，江西也称“粽粿”，吃起来口感软糯，甜咸均有。端午粽子，不仅讲究口味，而且注重包扎工艺。萍乡的粽子形状匠心独运，一只角的牛角粽细细长长，秀秀气气；三只角的大肚子粽，笨拙而憨厚；袖珍粽一口可以吞下，超大型粽一个即饱。

除吃粽子外，端午节还要煮许多茶蛋和盐水蛋吃。蛋分鸡蛋、鸭蛋、鹅蛋等，蛋壳涂成红色，用五颜六色的网袋盛起来，挂在小孩的脖子上，意在祝孩子“逢凶化吉，平安无事”。

端午之时，萍乡人走亲访友，均送“五子”，即粽子、包子、蒜子、鸡子、扇子。当地粽子下锅煮时，必加七叶黄荆，有特别清香。这天，萍乡有上山采药之俗。采来的大青叶、野菊花等，熬成药茶，全家饮用，预防瘟疫，名为“端午茶”。因其有清热解毒之效，整个夏季都靠它消暑。民间还自制雄黄酒，用上好白酒、剥皮大蒜、雄黄三者混合而成。雄黄酒既能饮用，也可涂抹身体，治疗蚊虫叮咬。

中秋节夜，江西传统是月夜摆设香案，陈列瓜果，馈赠月饼。赏月、饮酒、赋诗、食瓜果，是中秋节不可缺少的活动。家家户户食用月饼，象征团圆。中秋之时，金风送爽，桂子飘香，柿子、白果、栗子、石榴、柚子等时鲜果品应市。其中，柿子又红又圆，有吉祥喜庆、团圆完满之意，故最受欢迎。中秋是菱角成熟时节，清香味美。吃菱角，吃桂花糖藕，配上美酒，颇有意趣。

菱角

重阳节，民间有登高风俗，故称“登高节”，又有插茱萸、饮茱萸酒、喝菊花酒、上坟祭祖等习俗。江西地方志多有记载，“九日，囊茱萸系臂，采菊泛酒，食栗粽、花糕、登高”，“‘重阳’酿菊花酒，治霜糕，插茱萸，携榼登高”。食用栗粽、糕点，带着酒榼登高，也是传统。重阳节还盛行聚会饮宴，著名的《滕王阁序》正是王勃路过洪州，参与九月九日滕王阁盛宴的即席之作。如今重阳节，已经成为象征吉祥、长寿的“老人节”。

## 四、岁时食物

“岁时”，这里指一年之中，特定的季节与时间。二十四节气，就是中国古代根据气候对一年进行的节令划分。《周礼·春官·占梦》云：“掌其岁时，观天地之会，辨阴阳之气。”在每年的特定日期，江西不但有民间习俗，也有饮食传统。这里，根据一年时序做些介绍。

如今，江西每到油菜花开的时候，来自全国各地的游人络绎不绝。其实，在历史上，农历二月，江西地区菜花盛开，人们就有春日出游宴饮、赏花赋诗的传统。“春社，乡间最重。有祀神粿、祀神酒，少长参聚，宾朋畅饮。”（《铅山县志》）有的甚至细分多种多样的活动：“‘社日’游神，集饮酣歌，谓之‘散社’；乡士大夫载酒联吟，自亭午至晡，谓之‘饮社’；新葬墓具酒馔祭之，谓之‘醮社’。”

农历二月另一个重要的节气是惊蛰。惊蛰，象征万物复苏，降水量增加，气温逐渐回暖。在惊蛰这天，南昌地区有炒豆食用的习俗，又叫作“炒虫”。

农历三月三，江西人会到田野荒地，采摘地菜。地菜，学名荠菜，又名护生草、地米菜、菱闸菜等，十字花科荠属植物，一二年生草本植物，田野、路边及庭园均可生长。地菜以嫩叶供食，营养价值很高，食用方法多种多样，具有很高的药用价值，具备和脾、利水、止血、明目的功效。江西传统习俗中，三月三吃荠菜煎鸡蛋，不仅味道鲜美，而且清肝明目、补益脾胃，能够治疗肝虚有热、眩晕头痛、目昏眼干等症状。三月三采来的地菜，有的还用来包饺子，或者加紫苏根、刀豆壳煮鸡蛋吃，食蛋饮汤。民间认为，三月三的地菜比任何灵丹妙药还神，故有“三月三，地菜当灵丹”的俗语。

立夏是农历四月的重要节气，是进入夏天的标志。立夏时节，江西人会选择特色饮食。

一是吃“立夏饭”。在乐平地区，“以赤小豆和米煮食，曰‘立夏饭’”。立夏饭里放上豆类，不仅使单调的米饭色彩鲜艳，还表达了对作物丰收的美好祝愿。

二是享“立夏菜”。立夏，“田家人多以茶叶蛋、米粉肉、熟田螺为是日点缀佳节之食品，或宰狗食之似亦仿古烹狗祖阳之意”（《上犹县志》）。粉蒸肉，是江西的特色菜肴，立夏时节许多地方都享用。民间认为，在初夏吃肉可以滋补身子，补回因为暑热失去的体力。安义的粉蒸肉做法是将糯米炒成小粒，裹在肥瘦相间的肉片表面，佐以酒液和肉一起蒸熟。

三是用“立夏羹”。萍乡地区立夏日食用的小粉团，叫作“立夏羹”。

四是食“立夏子”。立夏日，萍乡人还喜食蚕豆。因蚕豆上一年的白露后才播种，在立夏之时成熟。蚕豆的生长期在打雷较少的季节，人们认为在立夏日食蚕豆，可不畏打雷，故称其为“立夏子”。

五是饮“立夏茶”。南昌地区有饮“立夏茶”的习惯，“妇女聚七家茶相约欢饮，曰‘立夏茶’，谓‘是日不饮茗则一夏苦昼眠也’”(《南昌县志》)。

粉蒸肉

因为入夏后气温升高，暑热易使人头昏体软，掉膘变瘦，妇女在立夏相聚饮茶，可以清热解暑。

农历四月初八有浴佛节，是佛祖的诞生日。“四月八日暮途穷，浮屠以梧叶汁蒸日上饭，遗诸俗家，名曰浴佛会。”（《上高县志》）“四月八日为佛生日，用乌饭树叶捣汁浸米和糖，炊乌饭，即所谓青精饭也，姻亲每相馈送。”（《铅山县志》）“青精饭”是用乌饭树叶捣汁浸米制作，有清香气味，略带甘甜。乌饭树叶的汁液乌黑，蒸熟的米饭深蓝近灰黑色，拌白糖或猪油食用。做好乌饭后，家家相互馈赠，增进亲友感情。民间认为，乌饭还有其他功用。“八日，观雨晴以占水旱，炊乌饭以辟蝇”。（《湖口县志》）在四月八日观测天气晴雨，可以预示当年水旱情况，摆放乌饭还可辟虫蝇。

农历六月，江西早稻成熟。“早稻熟，择辛日作新米饭，先荐祖考，然后合家食之，名曰‘食新’。”（《进贤县志》）新稻米饭，在祭拜先祖后，全家一起食用。这种庆贺丰收仪式，被称作“食新”。六月尝新节，在江西各地非常普遍，有的有时令菜肴，如“六月六，红酒炒鸡肉”（《南丰县志》）。此外，还有晒衣、酿酱的习俗。“六日，晒衣酿酱，士夫家曝书画。”（《湖口县志》）

七夕，又被称作“乞巧节”。“‘七夕’，妇女陈瓜果‘乞巧’”（《乐平县志》）；“七月七夕，家家设糕粿，祀牛郎织女”（《铅山县志》）。南昌地区七夕这天，白天士大夫们晒书，夜间妇女们则开办“乞巧会”。“日间士家曝书，夜则女妇为‘乞巧会’，具瓜果祭织女。”（《新建县志》）妇女陈列各种瓜果祭拜织女，希望自己像织女一样有一双巧手。

每年七夕，江西也有特色小吃。萍乡人喜欢食用“药粑粑”，是柚子叶、丝瓜叶、刀豆叶、蛤蟆藤叶、毛豆叶、橘子叶、鸡屎藤叶等捣烂取汁，与糯米粉混合，做成米粿蒸食。其虽不算美味，但因清热解毒而被看重。这天还炒“七星菜”，是用韭菜叶、南瓜叶、马齿苋、紫苏叶、辣椒叶、红薯叶、空心菜一起炒制而成的。

农历七月十五，又称“七月半”，佛教叫作“盂兰盆节”，民间称为“中元节”。江西“是夜具三牲……以祀先人亡者”，是孝亲、祭祖、酬谢丰收的节日。“‘中元日’家皆食米粉，间染以红色。”（《奉新县志》）江西日常食用的米粉，中元节时染成红色。这天还办“兰盆会”，“设馔祭先于庭，焚楮帛、锡锞，谓之‘烧包’”（《安义县志》）。祭品包括各类牲口、羹饭、酒水，祭拜完毕，将肉类果品分发他人享用“神惠”。

农历十月十五“下元节”，也是祭祀祖先的节日。“‘下元’，农家舂糯米炼糜糍饭团、馒头馈赠亲戚友朋，名曰‘过月半’。”（《分宜县志》）农家把糯米舂好，做成糍饭团或馒头，馈赠亲友。

祭拜祖先。“冬至，具牲醴祀祖先”（《乐平县志》）；

“冬至，士民多以是日割牲祭祖，取一阳来复之义”（《萍乡县志》）。江西有丰富的习俗，也有不少应节传统食物。南昌人冬至这天要吃上一碗热豆腐，不但暖身，还预示来年红红火火、热热乎乎。赣南客家冬至在祠堂举行祭祖仪式，家家扫墓挂纸。赣南人冬至要吃清香爽口、略带酒味的酒酿汤圆，因为民间认为：“冬至不挪圆，老公小孩不赚钱。”宜春风俗是冬至日吃糯米饭，吃甜的，里面加红薯，软软糯糯；吃咸的，就加豌豆和腊肉，喷香诱人。景德镇人冬至吃热乎乎的南瓜糊，香甜可口，暖胃热身，物美价廉，很合时宜。新余民间则流行冬至进补养生，给小孩炖土鸡汤。俗语说：“三九补一冬，来年无病痛。”冬至日为小孩进补的说法，在我国历史悠久。土鸡鲜香怡人，肉质细嫩，营养丰富，汤味清醇，易于消化吸收，利于小孩滋补。

当然，还有的是把置办年货与冬至食物结合起来的。在九江，有冬至打糯米粑的习俗。民间认为：冬至吃糯米粑能健脾和胃，补中益气，强身健体。上饶则在冬至打麻糍粿，香气四溢的麻糍粿吃得人浑身暖洋洋的。抚州每年的冬至，开始制作抚州酿肠、霉豆腐等当地美食。冬至当天，购买食材，家人团聚，品尝火锅。南昌地区的人常说：“冬至腌肉骨也好。”在冬至后，杀猪腌肉、制霉豆腐、用糯米蒸酒等就开始了。萍乡每年冬至，农户杀过年猪，就要熏制腊味。所有腥荤食材，包括全鸡、全鸭、全鹅、猪肉、牛肉、狗肉、猪内脏，都可熏制。熏制品色香味俱佳，保存时间长。

到了农历十二月，年末的重要节日，如小年、除夕与新年春节相承接。在一年的时间内，季季有节庆，月月有节令，江西也就在这岁序更新中，以饮食习俗增添了色彩，为赣菜文化丰富了内涵。

# 五、饮食信仰

信仰指对某种政治主张或某人的信奉敬仰，禁忌则指被禁止或忌讳的言行。在赣菜文化中，也有作为自己行为准则的信仰与禁忌。两者虽然不属于赣菜的物质形态，却影响与制约着赣菜及其文化走向。历史上，江西是儒、释、道三教大汇合之地，饮食是俗家饮食与佛道宗教文化的综合。江西的饮食信仰，也存在于这种融合之中。这在年节的祭祀与食俗中得到了鲜明的体现。

十二月又叫作腊月，有腊八、小年、除夕三节。腊月八日本是佛祖成道之日，这一天在清代时已成家喻户晓的民间节日。这一天，江西人会熬腊八粥，以白米为主，加枣子、豆类、莲子等杂粮干果熬煮。“腊八日，以白米和枣豆诸物以糜食之，曰‘腊八粥’。”（《都昌县志》）江西寺庙在这天也会煮腊八粥，分给香客信众，祈求佛祖保佑。

腊月有祭祀灶神习俗，“二十三日夜，‘祀灶神’用磁盘盛米、豆、饼、秆芯、豆腐，加饴糖供灶神，俗云‘糖糊灶神口，上天庭免奏一家过失’”（《分宜县志》）。祭灶神时，用瓷碟装上米、豆、饼、稻秆芯、豆腐和饴糖作为祭品。供奉灶神像时，把饴糖抹在灶神口边，寓意用糖糊住灶神的嘴，“上天言好事，下界保平安”。

春节前后，祭祖活动极为重视。腊月“初一日祭祖名曰‘腊祭’”（《分宜县志》）。在宜黄等地，族人不分大小，都要到祖祠拜祖，供水果、点心及鸡、鸭、鱼、肉，并按丁分饼吃。赣南乡村祭品中，有水果和鸡、鸭、鱼、肉、土特产，以及家中自制的风味食物等。赣南客家人无论逢年过节，还是婚丧嫁娶、添丁及第，所有大事，都要“告”宗祠，祭告祖宗，祈求保佑。当然，祭祀仪式都和饮食有关，要点燃三炷香、两支烛，献三杯美酒，还要供俗称为“三牲”的猪肉一块、鱼一尾、鸡一只，以及米酒、茶。

其实，节日饮食主要不是为了满足口腹之欲，更多是满足心理与社会需要，是对未来美好的愿望与期盼。这些饮食习俗，被世代的江西人所接受，并在当代产生潜移默化的影响。例如：

除夕的年夜饭，无论是座位安排还是夹菜先后，都有讲究。只有当家长辈先动筷子夹菜吃，其他人才能动手开吃。只有长辈吃完，其他家庭成员才能离席。寓意吉祥的鸡，鸡头要给长辈吃，表达对长辈的尊敬；鸡爪和鸡翅要给年

腊八粥

轻人吃，希望他们能够展翅高飞，大展宏图；鸡腿则留给小孩吃，显示对他们的呵护。

“元旦焚香祝圣……散饼谓之‘丁饼’。”（《新建县志》）在大年初一，祭拜先祖之灵，首先集体祭祀，再回家祭祀直系祖先，然后分发糕饼食用。这种饼叫作“丁饼”，因大年初一也是家中新生男丁上族谱的日子。发“丁饼”时，根据年龄不同，祝福有稍许差别：给超过六十岁的发“寿饼”，祝福老人身体健康、长命百岁；为童生和生员赠送“考饼”，祝愿他们早日金榜题名。

其他节日食物，也有同样的价值取向。“‘重阳日’，市上卖薄片糕，插小旗于上。月朔至九日，妇女多吃九皇斋，极严洁。”（《南昌县志》）因为相信斋戒能消除灾厄、业障病痛，还能祈求长命百岁，因此，妇女多有吃“九皇斋”的斋戒习俗。重阳糕也是特色食物，“九月食重阳糕，多插五色楮旗”（《进贤县志》）。重阳这天出售的薄片糕，上面插着五色小旗子，代表重阳日“登高（糕）”；还插茱萸，包含消灾益寿的祝福。

因受民俗影响，江西饮食还形成了诸多习俗与禁忌。如莲花地区宰杀鲜鸭，在开膛破肚后，将鸭血抹在鸭肉上，是“血食”祭祀的象征。吉安、赣州地区剖杀鲜鱼，也把鲜血抹在鱼肉上，以示鲜活。在日常饮食中，忌趴在桌上；坐上桌时，忌占用旁人的座位，影响他人进餐；更忌屈腿蹲在凳上，或将腿架到他人凳下面的横档上。

吃饭借助的主要工具是筷子，有关筷子的禁忌也最多，有忌“碗口筷”“长短筷”“喜筷”“葬筷”“截筷”“泪筷”等，还有就是动筷子的时机也需要注意。在宴席上，一般要看坐在首座席位上的人，他什么时候拿了筷子，其他人才能动筷子。在家庭的简便宴席里，也要等到上座的人先动筷后，其他人才能动。

“无酒不成席”，在宴席上必定要喝酒。喝酒有一定的酒礼，违背酒礼也就是犯忌。俗话说“七分茶八分酒”，即给客人沏茶只能沏七分，而斟酒只能斟八成。斟酒时，应按席位次序轮流下去，否则就是对长辈的不恭。先给最尊贵的客人斟上后，顺右往下斟，最后再给自己斟，切忌先给自己斟后才给客人斟。同时，斟酒后忌将酒壶嘴对着他人，那意味着对他人的不尊重。若在斟酒的过程中，有人问还有多少酒，切忌摇动酒壶来示意。而且，江西一般忌饭后喝酒。

饮食信仰与禁忌，是历史文化的积淀，是文化心理的层累。

# 第五章　名人与赣菜

MINGREN
YU GANCAI

赣菜虽然低调，但咸香鲜辣，吃得火热，很多名菜，都有典故，有人文渊源。赣菜之所以被誉为“文人菜”，就是追求食材的自然滋味，讲究口感的原汁原味，还与许多名人有千丝万缕的联系。赣菜许多名品，或是名人创制，或是名人取名，或是名人喜爱。在这些民间的传闻中，涌动着赣菜文化的流光溢彩。

# 一、秦汉赣菜名初起

江西稻米种植的历史，可以上溯到距今1万年以前。商朝时期，江西已进入青铜时代，与中原经济文化发展一致。秦划分天下为三十六郡，江西属九江郡。而江西作为明确行政区域建制，则始于汉高帝初年，所辖地域与今日江西大致相当。与江西饮食相关的传说，起始于秦汉时期。

抚州米粉，传说起源于秦代。秦始皇嬴政为了统一中国，派50万大军征南越。南越地处山区，交通不便，粮食供应困难。虽然派史禄率民工修灵渠，沟通漓江和湘江，解决了军队物资运输问题，然而，时间紧迫，只能解决一时之需。秦军在南越经常挨饿，加上水土不服，大量士兵生病。解决部队的饥饿与疾病，是当务之急。秦军伙夫采用江西米粉的制作技术，融入北方饸烙面的方法，精选早稻大米，浸泡两个小时以上，再磨成十分细腻的米浆，蒸成薄薄的

抚州猪杂粉

米粉皮。粉皮切细后，在锅里煮熟，捞出加入汤底即成。汤底用鸡、猪骨头和20余种药材熬制，营养丰富，香气浓郁，味道鲜美，堪称一绝。这样的米粉，不仅饱肚耐饿，还能够增强体质，很快解决了当时军队面临的大问题。这种米粉，还传入宫廷，深得秦始皇喜欢。米粉，在漓江一带也广为流传，并与当地口味和习俗相结合，成为现今的桂林米粉。因此，“抚州米粉”和“桂林米粉”既一脉同源，又各有风味。

赣菜在秦代呈现出别具一格的风采，汉代继续发扬光大。“天师板栗烧土鸡”这道菜，也应运而生。龙虎山是道教名山，天师世袭传承，形成“南张北孔（夫子）”两大世家之一。相传，“天师板栗烧土鸡”还有一段趣事：一次，天师在家宴请宾客。厨师将鸡块装入砂钵，放在炉灶上炖制。天师儿子年少调皮，趁厨师不注意，把去壳板栗放入砂钵。鸡烧熟后，砂钵端上桌子，拿掉钵盖，一股清香扑鼻，只见鸡块色泽淡黄，栗香酥烂。客人品尝后，赞不绝口，天师也欣然得意。宴席之后，天师吩咐家厨进一步改进，使其成为宴席中必备的菜品。这道菜，采用当地农家喂养的土鸡，配以个大香甜、淀粉丰富、有“人间仙果”之称的板栗，在文火中慢慢炖烧，故油光发亮，清香四溢，滋阴补阳，健脾益肾，具有很高的营养价值。

另外，“黄袍拜君王”也是与张天师有关的名菜。不过，那是发生在清代。传说乾隆皇帝微服私访，来到上清镇。第五十六代天师张遇隆发现紫微星南移，便知皇上驾到，在家设好盛宴，请这位“生客”来家品尝。席间，上了一

万载三黄鸡

道黄丫角（学名黄颡鱼）焖豆腐。乾隆觉得味道特别鲜美，便问菜名。天师一语双关说道："这叫黄袍御史拜君王。"乾隆心里暗暗吃惊："天师果真厉害！"口中却连赞菜肴美味。后来，这道菜成为当地名菜。

"黄袍拜君王"，要用泸溪河的黄颡鱼烧上清豆腐。上清豆腐历史悠久，采用传统手工工艺，制作豆腐时，使用优质水源，豆渣过滤精细，使得成品豆腐含水适度，白、嫩、香、滑。上清豆腐做菜，无论是煎、炸，还是煮、炖，或是慢焖、凉拌，都清香鲜美，柔滑润喉。搭配黄丫角、鲜猪肉、香菇、豆豉、香葱或辣椒，都各有特色；做成油豆腐、豆腐干、豆腐皮、霉豆腐等，也风味十足。

秦汉之后，赣菜传说也不绝于耳。江西有特产名鸡是宴席必备的菜肴。其中，江西万载饲养的三黄鸡，嘴黄、毛黄、皮肤黄，通体金黄，蛋肉兼用，清炖、红烧，均能烹制成美味佳肴。它肉味鲜嫩，汤浓香甜，滋补强体，最受欢迎。相传，晋太康元年（280），有人将此鸡作为贡品进献，因当时万载名为康乐，晋武帝特赐名"康乐鸡"。当地人嗜好享用此鸡，并常以鸡馈赠亲友。20 世纪五六十年代，康乐鸡还出口换取外汇。

说到"洪都鸡"，就会令人想到南昌。"豫章故郡，洪都新府。""初唐四杰"之一王勃的《滕王阁序》，传诵千秋，使南昌闻名天下。这道"洪都鸡"，据说和王勃有关。当年王勃赴交趾看望父亲，路过豫章，正值重阳佳节。

恰逢庆贺滕王阁重修落成，洪州都督阎伯屿在阁楼举行盛会，大宴宾客。其中，有名厨师来自盛产蜜橘的南丰，他取来干橘皮，泡软切丝，配入鸡中，一起烹饪。当这菜端上席时，只见盘内，虽是鸡块，却头、翅、爪俱全，宛如鸡身复原。这鸡色泽金黄，满堂橘香，鲜美微辣，风味醇厚。阎公请王勃和宾客品尝，众人称赞此菜色、香、味、形、气俱佳。得知菜品新创，阎公又请王勃命名。王勃才思敏捷，当场为这道菜取名“洪都鸡”。名称看似普通，却有深意：一者，此菜初起于洪都盛宴，切合实际；二者，暗含“洪福齐天，都行好运”之意。于是，这道佳肴流传开来，成为地方名菜。

唐代之际的赣菜名品，还有安远的“假燕菜”。“假燕菜”是闻名遐迩的客家风味菜。据说，武则天时期，有一个农民，种出了一个特别大的萝卜。当时，盛行“祥瑞”之说，特大萝卜被视为“神物”而献到皇宫。皇宫里的御厨用这个大萝卜和一些山珍海味精心烹制了一道菜，呈给女皇武则天品尝。这道菜，形美色艳，味道鲜香，犹如燕窝。女皇品尝之后，赞不绝口，赐名为“假燕菜”。后来，“假燕菜”的做法传到民间，烹制方法也不断得到改进。人们因地制宜，就地取材，在萝卜、鸡蛋、香菜等原料的基础上，再添加猪肉丝、肉丸子、海带、香菇、姜丝等 18 种配菜和一些配料。这样，成本下降，物美价廉，却菜品精致，味道鲜美，便于民间流行，也让其成为赣菜中的佳肴。

## 二、宋代『老饕』品赣菜

北宋苏轼是全才式的艺术巨匠，集文学家、书法家、美食家、画家等于一身。他是活得最清醒、最潇洒的文人，故世有“苏仙”“坡仙”之称。苏轼本人是个美食家，是最有影响力的“吃货”，宋人笔记小说有许多苏轼发明美食的记载。他又是“箭垛子”式的历史人物，许多传说故事都集中在他身上。自然，江西也流传着苏轼与赣菜的故事。

相传，“东坡肉”最早源自江西。北宋元丰七年（1084）四月，苏轼来到筠州，也就是如今的高安，看望在此做官的弟弟苏辙。在和弟弟游玩期间，他来到了艮溪里。热情好客的村民，杀猪煮肉招待大文豪。于是，作为美食家的苏东坡亲自下厨掌勺烧肉。他烹饪的猪肉，皮薄肉嫩，用名酒焖制，色泽红亮，味醇汁浓，酥烂而形不碎，香糯而不腻口，具备独有的“焖香”。用这种方式烹调的猪肉，受到村民的欢迎，“东坡肉”的名声与技艺，也流向各地。

当然，在筠州行之前，元丰三年（1080）苏东坡被贬黄州，就写下了脍炙人口的《食猪肉诗》：

黄州好猪肉，价贱如粪土。
富者不肯吃，贫者不解煮。
慢着火，少着水，火候足时他自美。
每日起来打一碗，饱得自家君莫管。

由于《食猪肉诗》的流传，一般认为东坡肉由此出现。其实，黄州时期，苏东坡笔下的猪肉做法，应该是“东坡肘子”。“肘子”，即猪蹄髈。前蹄髈皮厚、筋多，后蹄髈皮老韧，所以，需要用“煮”的方式，“待他自熟莫催他，火候足时他自美”。而且，早在秦汉，吃肉就很普遍，烹饪技法已经普及。只是蹄髈不易煮烂，苏东坡才不厌其烦介绍。而筠州的“东坡肉”，则是用五花肉。至于苏轼任龙图阁学士知杭州，是元祐四年（1089），已经是筠州之行的五年之后。有人认为：“东坡肉听名字就知道了，这道菜直接以东坡命名，当然和苏轼大文豪离不开关系。有人争论，这道菜是上海的，这道菜是杭州的，其实在江南地区，很多的菜系都有这道东坡肉，而且做法也各不相同。哪里的最正宗，我觉得必然是江西的。”也许，这并非简单的臆断。

东坡肉

“东坡肉”的故事，江西还有另一种说法，现照录如下：

在赣北的永修一带，每逢酒席宴上，首先是两大碗“和菜”，象征和睦相处。随后上桌的，就是两大碗用稻草扎着的大块猪肉。丰盛的酒宴上摆着这样的两碗猪肉，肉色清清爽爽，倒显得别有风味。拿起剪刀，剪断稻草，仔细品尝，入口香酥绵糯，汁鲜味美。肉香味中，还夹杂着一股稻草的清香味，沁人肺腑，余味无穷。这种肉，就叫“东坡肉”。

为什么称这道菜为“东坡肉”呢？有这样一个传说。

苏东坡云游天下，一天来到鄱阳湖边永修县艾城村，遇上一个农夫的孩子生病昏迷，便用草药救活了这个孩子。农夫感恩，苦留苏东坡住下。次日清晨，农夫从集市上买回两斤猪肉，用一束稻草捆着提回来，兴冲冲地走进房间轻声问："先生，你看这肉怎样弄着吃？"此时，苏东坡正面朝窗外，欣赏田野美景，没听见农夫问话，却口中吟诗"禾草珍珠透心香"，农夫却错听成了"和草整煮透心香"。于是，他把肉和捆扎的稻草一起放进锅里整煮焖烂。吃饭时，苏东坡品尝着这带有稻草味的整肉块，竟觉得出奇的清香可口。苏东坡从此也这样做肉，并且自成一绝。

这件事一传十，十传百，大家都学着用稻草扎肉煮着吃。果然，煮好的猪肉香嫩可口，乡亲们把这种肉称作"东坡肉"。因其味道鲜美，做法别致，所以一直流传到现在。

"东坡肉"之所以用苏轼的名号，是由于烹饪技艺为其首倡。与"东坡肉"相媲美的，还有"东坡羹""东坡肘子""东坡腿""东坡墨鲤""东坡豆腐""东坡芽脍""东坡玉糁羹"，以及小吃"东坡酥""东坡饼"。这些美食，有荤有素，有菜有羹，有主食有小吃，完全可以构成"东坡宴"。如果配上苏东坡的美诗、美文，更是美食与文化的双重享受。

当然，这些美食冠以"东坡"之名，并非都是苏东坡的首创。诚如明末清初文学家、戏剧家、戏剧理论家、美学家李渔所言："食以人传者。"苏东坡曾写过《老饕赋》，以好吃的"老饕"自居。后来，南宋之后的文人名士纷纷

九江茶饼

效法，“老饕”竟然成为名士的特征。由此可见，苏东坡作为中国历史上第一位有影响的美食家，其受到的人们欢迎与喜爱。

苏东坡不仅亲自烹饪，其传授技艺的佳肴，也受到推崇；借他名号的美食，也会行销一时；甚至于苏东坡品尝过的美食，也会成为名品。九江茶饼，就是如此。相传，苏东坡有一次经过江州的姑塘镇，有一陈姓茶坊主端出自制的茶饼热情邀请他品尝。苏东坡尝后，对其口味大加赞赏，并写下“小饼如嚼月，中有酥和饴”的名句。于是，九江桂花茶饼流传千古，至今盛销。

## 二、英雄情怀入赣菜

文天祥是南宋末年政治家、文学家。他 20 岁中状元，抗元被捕后，屡经胁迫与利诱，依然坚贞不屈，只求速死。遇难时，年仅 47 岁。文天祥所作《过零丁洋》诗，气势磅礴，情调高亢。名句“人生自古谁无死，留取丹心照汗青”，激励了后世众多为理想奋斗的仁人志士。赣菜传说中，与文天祥相关者，都是对他的缅怀和祭悼。

“文山里脊丁”，据说是文天祥创制的。文天祥进京赶考，途中住在客栈，吃了“炒里脊丁”。这道菜色鲜味美，滑溜爽口，是下酒吃饭的好菜。文天祥很感兴趣，连忙请教。这道菜先将猪里脊肉切成丁粒状，过油后置一边；另取江西著名土产豆豉，搭配花生仁、辣椒末和少量甜酱混炒；然后，倒入里脊丁，稍炒片刻即成。文天祥记在心里，拜辞而去。

当时，南宋朝廷腐败，奸臣当权，文天祥因写《己未上皇帝书》奏章，得罪宦官，后遭贬谪，回原籍过着隐居生活。在家乡闲来无事，文天祥想起当年吃过的“炒里脊丁”，于是亲自制作。只是偏僻乡村，买不到新鲜猪肉，他便将肉丁改为鸡丁，增加葱蒜等佐料。经过烹调，这道菜甜辣适中，红白相间，香气扑鼻，吃起来更加爽口，便取名为“甜辣里脊丁”。遇到亲朋来访，文天祥总要亲手做这道菜招待宾客，很受称赞。

不久，元兵大举进犯中原。文天祥闻讯，义愤填膺，组织勤王军，高举义旗，兴兵抗元。不少爱国青年、知名人士纷纷前来投奔，很快形成了一支浩浩荡荡的抗元队伍。义军出发这天，附近老百姓敲锣打鼓，抬着一头头肥猪，挑着一担担鸡、鸭、鱼、蛋前来劳军。为了喝好誓师酒，文天祥亲自下厨操瓢掌勺，做“甜辣里脊丁”这道菜犒劳义军。在誓师酒宴上，义军全体将士群情激昂，人人振奋，纷纷表示要以身许国，誓死杀敌。

后来，由于朝廷腐败无能，义军寡不敌众，遭遇惨败，文天祥也不幸被俘，惨遭杀害。后人为了纪念文天祥为国为民的赤胆忠心，便将“甜辣里脊丁”改名为“文山里脊丁”，一直保留至今。

如今的“文山肉丁”，也就是熘炒肉丁，用里脊肉搭配冬笋制作。肉丁提前切好腌制后，放入油锅滑炒，变色即捞出控油。接着，放入笋丁再炒，加入酱油、料酒、白糖、

萍乡莲花血鸭

醋等调味，用湿淀粉勾芡。最后，肉丁回锅炒匀就完成了。

莲花血鸭，也有与文天祥相关的动人故事。相传，文天祥抗击元军，八方义士纷纷响应，并准备升帅旗、饮血酒，以壮军威。由于那时缺鸡，莲花县又盛产鸭子，遂以鸭血冲酒。

当时，火头军中有一个叫刘德林的厨师，专门负责给文天祥准备菜肴接风洗尘。在炒鸭子时，误将没喝完的鸭血酒当成辣酱倒入锅中。无奈之下，他只好继续翻炒着。没想到，一股奇香飘入鼻间。一看，菜呈糊状，色呈紫红；一尝，味道比之前的做法更加鲜美。鸭子端上桌，文天祥品后赞不绝口，问道："此为何菜？"刘德林灵机一动，答道："这是本地的特色菜，叫'莲花血鸭'。"

从此，莲花血鸭名扬天下，世代流传，后来上了晚清宫廷的皇家菜谱。

永和豆腐，同样和文天祥起兵抗元有关。与文天祥家乡一水之隔的，是著名的吉州窑所在地永和镇。他率部队经过时，粮草匮乏，士气低落，永和老百姓用本地豆腐慰劳大军。文天祥尝后，连连称赞。在食用豆腐后，部队大受鼓舞，以高昂的斗志继续投入抗元战斗中。文天祥为国捐躯后，永和老百姓为了纪念他，就将他品尝过的豆腐叫作“永和豆腐”。

永和豆腐的制作方法，也很简单，采用永和本地豆腐，切成小块，放入锅中用中火煮 10 分钟，小火再煮 5 分钟即可。豆腐细腻而淳厚，爽滑又软嫩，味道鲜美，口感多样，让人垂涎欲滴，胃口大开。

永和豆腐

赣州的三杯鸡能流传下来，也和文天祥有关。文天祥被俘后，不吃元军饭菜，以求早死。当地老百姓闻讯，纷纷赶来探望，悄悄送些酒食。文天祥非常感动，常常面南而坐，举杯对苍天，决心不负众望。

民间传闻文天祥已经为国捐躯，有位老婆婆带着鸡和酒，前来祭奠，被牢卒偷偷引进牢内。老婆婆见文天祥还活着，喜出望外，后悔带来的鸡是生的。钦佩文天祥的牢卒是江西人，便将鸡宰了，找来一个旧瓦钵，将鸡块倒入，又用三杯酒浇在上面，再用几块砖头砌成简易炉灶，把瓦钵放在上面生火煨烧。过了一个时辰，瓦钵香气四溢，鸡肉酥烂。文天祥万分感激，也不推辞，就着炉灶边吃边喝，放声高歌他在狱中写的《正气歌》。

第二天，文天祥被押往刑场。他神态自若，面朝南方，昂首挺胸，英勇就义。因不满元朝统治，看守文天祥的那个牢卒之后不久便偷偷逃回江西。怀着崇敬的心情，牢卒常常与人谈起文天祥狱中往事。十二月初九，是文天祥英勇就义的日子。每年这一天，庐陵家家户户都要摆酒杀鸡，祭奠这位英雄。

从此，三杯鸡便在江西各地传开。后来为了改善口味，使鸡肉更加鲜美，便将三杯酒改为一杯甜酒酿、一杯酱油、一杯麻油，和鸡块一同倒入砂钵。原料配好后，放在炭火上焖煨，火势先武后文，待肉质酥烂后即成。这道菜鸡肉鲜嫩，肉质紧实，香味浓郁，特别解馋。

## 四、一代雄豪喜赣菜

开国元勋陈毅将军有诗："雄豪尽是无双士，卫国保家子弟兵。""雄豪"指英雄豪杰，赣菜传说也与这些人物发生了联系。当然，这些雄豪既有开国帝王，也有民族英雄，还有忠勇之士。

糊羹，又名福羹，是江西著名菜肴，也是过年传统菜式。其特色是香气浓郁，荤素搭配，羹浓味美。每年正月初七，南昌人必吃糊羹。在其他喜庆日子，糊羹也常常出现。

江西糊羹始于元代，有数百年的历史，起源于朱元璋的传说。朱元璋还是大将军时，曾遭遇败北，途中又饥又渴。经过一户农家时，他想讨点吃的充饥。但这户农家很穷，只能把剩下的蔬菜、红薯、萝卜，加上一点盐，煮了一锅汤给他吃。当时，朱元璋饥肠辘辘，即便是一碗素汤，也好比山珍海味。后来，朱元璋当了皇帝，还对那户农家做的汤念念不忘。于是，派人把那农夫请来，再做汤给他吃。如今，那种汤怎么能给皇帝吃？农夫如实相告御厨。御厨们就把鸡肉、猪肚、鸡肝，还有许多山珍海味切碎，加上红薯粉做成一碗羹给朱元璋吃。朱元璋觉得美味异常，又赐给大臣们吃。

后来，这种羹慢慢传到民间，成为喜庆日子享用的美食。因羹用七种食材做成，江西人称为“七宝羹”。各地物产不同，所用果蔬不同，寓意也有差别。制作“七宝羹”的七种菜，一般包括芹菜、大蒜、小葱、芫荽、韭菜五种，另外两样可以灵活配置，有的用鱼、肉，有的用其他食材。七种菜煮成，全家人一起吃。人们相传，吃了“七宝羹”，捡金拾银，会发大财，能除邪气，医治百病。其实，这是借七种食材名的谐音，图个吉利。因为“芹菜”的“芹”，谐音“勤”；“蒜”谐音“算”；“葱”谐音“聪”；“芫荽”的“芫”，谐音“缘”；“韭菜”的“韭”，谐音“久”；“鱼”谐音“余”；吃肉表示富裕。这七种菜，合起来就是勤快、会划算、聪明、有人缘、长久幸福、有余富足的寓意，表达对一年福气盈门、家庭幸福美满的期盼。

而老表土鸡汤，传闻系朱元璋取名。元朝末年，朱元璋在鄱阳湖大战陈友谅。一次战败，朱元璋率残兵逃到袁州村庄。好心的村民将家中仅有的一只土鸡杀了，给朱元璋等人炖汤喝，解其饥渴。得知全村都姓陈后，朱元璋高兴极了，说凤阳老家的娘舅也姓陈，大家还是姑表兄弟，所以称喝的是“老表鸡汤”。从此以后，双方亲切称呼彼此为“老表”，“老表土鸡汤”也成了赣菜名肴。

碱水粑是江西著名食物，有浓厚的碱香。食用时，碱水粑切成薄片，用腊肉、大蒜等炒食，味香、韧滑、爽口，既能饱腹，又是下酒佳肴。碱水粑也可以炒鸡蛋，加点农家湿盐菜，别有风味。碱水粑的来历传说与春秋时伍子胥叩拜寒婆坟有关。

为逃避楚王迫害，伍子胥在昭关一夜急白了须发，混出关隘后，心境渐平。来到半山坳，他席地而坐，倚树歇息，见有“寒婆之墓”。伍子胥饥不择食，在祭品中选粑果充腹，后听前来祭拜的叙述，方知寒婆来历。

寒婆原名韩婆，丈夫早丧，遗下三子。大儿出戍边关，二儿征守海疆，三儿又为夫役被迫出走，

碱水粑

音讯全无。韩婆盼儿心切，日夜登山眺望，在暴风雪中，冻死坡前。乡人为之收殓，修坟立碑，取名韩婆坟，后人讹称“寒婆”。民间习俗，以韩婆忌辰正月十二日之晴雨，预卜早春气候变化。

听罢韩婆苦难经历，伍子胥朝墓叩首礼拜，祈祷韩婆保佑他报仇雪耻。见来人篮内装有四四方方，似糕非糕、似饼非饼的供品，问其究竟，才知为韩婆生前发明的粑。先是大米磨浆，用禾草灰水掺米浆，蒸熟晾干而成，可以存放多日，又有碱水清香。每逢韩婆忌日，乡人便以此粑做供品，以示纪念。

后来，为了应对不时之需，伍子胥把制粑方法传至吴越各地，其制法相同，但因时代变迁和民情风俗各异，江西各地碱水粑的原料和形状逐渐改变。

碱水粑因为方便携带，除了用于待客，还成为上山或农田劳作的干粮。据传，南宋岳飞曾率岳家军驻九江、湖口抗金，老百姓曾家家户户做碱水粑，派人送到岳飞军中，充作行军干粮。土地革命战争时期，许多农户曾以碱水粑慰劳红军和在山区坚持革命斗争的红军游击队。

## 五、文人墨客创赣菜

赣菜被称为“文人菜”，因为有不少文人雅士参与创造，有着许多文人墨客的传说故事。这些传说的主人公，有才华横溢的贤才，有金榜题名的状元，有颇具惠政的名臣，还有清正廉洁的官员。文人墨客具有的人文情怀，成为赣菜文化不可或缺的佐料，也使赣菜美食闻名遐迩。

解缙是明代大臣、文学家，永乐年间官至内阁首辅。赣菜有一道红焖全鸡，名为“全副銮驾”，相传就源自解缙。故事是这样的：

解缙任首辅不久，正值其母60岁寿辰。皇上念其孝心，恩准他回原籍省亲，还亲赐全副銮驾，并派一名御厨前往，操办寿宴。解缙心想：全副銮驾，吹吹打打，鸣锣开道，是够排场和威风，但不免会惊动沿途官员和百姓，也违背母亲“为官清正，尽力报国”的教诲。于是，解缙便将官船改作商船，自己和随从乔装打扮，沿途私访，了解民间疾苦。

寿诞之日，热闹非凡，乡里近邻纷纷前来祝寿。解缙行过大礼，便命摆上酒宴。头一道菜形状奇特，颜色和谐，众人没有见过，感到诧异，母亲问道："缙儿，这道菜唤之何名？""启禀母亲，这道菜叫作'全副銮驾'……"话未说完，解缙的母亲吓得面如土色，大声训斥道："住嘴，竟敢用皇家的銮驾之名来做菜名，还不快快跪下请罪！"

解缙见母亲动怒，慌忙躬身解释："母亲有所不知，孩儿回乡之时，圣上曾亲赐全副銮驾。儿乔装回乡，今日献上此菜，一来为母亲大人拜寿，二来也可使官民铭记皇恩。"一席话说得众人连连点头，喜笑颜开，齐问菜的做法。解缙请出御厨，由御厨介绍说："这道菜在御膳房称作红焖全鸡，今天我奉首辅大人之命，将全鸡抹汁过油，加糖醋、香料红焖，然后拆开，用肉和内脏拼成銮驾的形状，为老夫人庆寿，祝您老人家福如东海，寿比南山！"御厨刚一说完，众乡邻齐声欢呼，再次向解缙的母亲贺喜祝寿。从此，"全副銮驾"这道菜就在民间流传开来。

而另一道菜"解缙豆花"，素以鲜、柔、白、细著称，也因解缙而得名。有一次，解缙告知御厨，以豆渣为原料，按照吉水地道做法，做了一道豆花，请永乐皇帝品尝。永乐皇帝尝后，感叹道："白如雪，细如纱，柔如绵，鲜甜可口，此乃人间极品！"从此，永乐皇帝隔三岔五就要御厨做豆花给他吃。“解缙豆花”因此闻名天下，流传至今，真正是“一朝偶得皇帝心，一跃龙门成御品”。

其实，解缙豆花食材简单，主料是豆渣，辅料是鸡蛋、高汤、盐、葱等。其色美味香，鲜嫩可口，诀窍在于：选用上等黄豆，采用传统石磨磨制，保留黄豆原味。所用豆渣，不脱浆水，质地细腻，做出的豆花细嫩，却又绵扎，润滑爽口，绝无残渣。在民间故事中，制作豆腐是解缙家传技艺。相传，永乐帝曾取笑解缙矮小，但解缙机智回答：“我虽矮小，家父却是肩挑日月、手转乾坤之人。”原来，解缙父亲是做豆腐的。“肩挑日月”指他每日起早贪黑，售卖豆腐担子的水桶形似日月；“手转乾坤”则指磨豆腐，磨盘很像太极图的阴阳乾坤。做出的豆腐要售卖，解缙父亲不舍得自己吃，所以自家一般都吃豆渣。久而久之，竟然掌握了豆渣制成豆花的绝技。如今，当地人每年在祭祀解缙时，总会制作出美味的豆花来纪念他。

大余县的荷包肉，俗称“荷包胙”，又名“状元菜”。乾隆四十三年（1778），大余人戴衢亨喜中状元。据说，他让来家庆贺的客人吃过宴席后，每人带一只荷包胙回家，让家中老人品尝。所以，一时之间，荷包胙便被称为“状元菜”。戴衢亨累主江南、湖南乡试，历任侍读学士、军机大臣、体仁阁大学士，掌翰林院。其与父亲戴第元均、叔父戴均元和兄弟戴心亨显赫于朝，合称“南安四戴”。乡邻和一门显赫人家往来，得到敬老食物，这样的菜肴自然有口皆碑。此后，南康、上犹、崇义等县都受影响，荷包胙逐渐普及赣南，成为客家盛大宴席必备美食。

荷包胙这道名菜，用荷叶垫蒸笼底，大块肉蘸香料，和入米粉，放入笼中大火蒸熟，分成小份后又用两张荷叶分装包好，回笼用文火蒸烂，然后整笼上桌。这道特色菜，荷香肉烂，入口即化，老少皆宜。现在，赣州做荷叶排骨，也用香料、米粉包排骨，一排一叶，蒸熟即食。用荷叶裹蒸的菜肴，独具荷香，别有风味。

韭菜烧豆干是南昌人喜欢吃的一道菜，相传与清朝名臣朱轼有关。朱轼是清朝中期名臣，史学家，乾隆帝师。他历仕康熙、雍正、乾隆三朝，官至太子太傅、文华殿大学士，兼吏兵二部尚书。他为官廉洁，刚正不阿，颇具惠政，世人颂其“束其励行，通经史百家”。一年，朱轼回瑞州府（今高安市）为母拜寿，顺便微服私访。他特去南昌瓦子角刘二饭店，吃了“金板搭银桥”。菜名虽然雅致，食材却极为普通：“金板”指油炸豆干，“银桥”即韭菜的白梗。在这里，

荷包胙的制作

刚出炉的荷包胙

打开的荷包胙

客家荷包胙

朱轼探知一大冤案，为民伸张正义，解除了冤情。老百姓拍手称快，颂扬不已，也喜爱吃“油炸豆干烧韭菜梗”了。

民间传说之所以把朱轼与豆腐菜联系在一起，也许是希望官员能够清清白白做人、清正廉洁为官吧！因为豆制品在南昌饮食有重要地位，常见的有白豆干、豆腐条子、油炸豆干、豆泡、豆皮、酱豆干、霉豆腐等。豆腐菜是人们最日常的，也是最有感情的，以此表达期盼，自是情理之中。

民间还流传：乾隆做皇帝后，非常感激和尊重他的老师，曾亲自到高安问候朱轼。朱轼用四盘二

油豆泡烧肉

碗宴请皇帝，菜肴是腊肉、肉皮、粉丝、笋干“四盘”，肉圆子、薯粉圆子“二碗”。民间食用时，有的四盘会调整成猪脚或冻鱼。这种宴席，一直在高安流传下来，人们称为“朱公席”。朱轼崇尚节俭，为母贺寿，以南瓜接待地方官。他除暴安良的故事，在南昌采茶戏《南瓜记》中被演唱出来，脍炙人口，广受欢迎。

## 六、红色文化融赣菜

“红米饭，南瓜汤；秋茄子，味好香。”这是流传很广、脍炙人口的红色歌谣。江西是革命摇篮，也形成了特殊的红色饮食文化。这首歌谣，正是红色饮食文化的真实写照。时至今日，还有很多的红色饮食文化故事与赣菜文化融合在一起。

在红色饮食文化中，赣南名菜“四星望月”的故事，人们津津乐道，影响最大。那是 1930 年，毛泽东同志来到江西省兴国县。当时，因长期风餐露宿，生活非常艰苦，毛泽东同志很憔悴。同时，也因国民党军队的封锁，苏区物资匮乏。时任兴国县委书记陈奇涵，想请毛泽东打个牙祭，吃一餐兴国客家的“蒸笼粉鱼”。他四处张罗，总算如愿。

吃饭时，桌子中间摆着一小笼粉蒸鱼作为主菜，周围是四盘小菜。那笼粉蒸鱼，青菜、粉干垫底，面上一层薄

兴国四星望月

薄的鱼片，淋着辣椒酱、姜末、葱花等调制而成的卤汁，和米粉一起蒸，红绿相映，清香扑鼻，鲜辣味浓。毛泽东夹块鱼片一尝，又鲜又辣又香，颇合口味，于是兴致勃勃地吃起来。

吃了一阵，毛泽东饶有兴致地问："这菜叫个么子名字？"陈奇涵笑着说："这道菜，老乡叫粉蒸鱼。毛委员您看叫什么名字好呢？"毛泽东兴致勃勃地指着蒸笼比画着，饶有风趣地说："这是一个大的团圆月嘛！"又指着四个盘子说："这是四个星星啰！"他颇有深意地说："四个小盘子围着个大蒸笼，就像星星围着月亮。星星盼月亮，广大劳动人民不是天天盼共产党吗？我看就叫'四星望月'，好不好？"形象生动又幽默风趣的命名，很快就使"四星望月"这道菜声名远播。

"四星望月"做法虽然简单，却又极为讲究。先将鲜鱼肉切成薄片，拌好油、盐、料酒和薯粉待用。竹蒸笼里垫几片青菜叶，铺上粉干和芋片先蒸。大火蒸熟后，再铺上鱼片，浇上一层辣椒、生姜、芝麻擂成的糊汁。盖好蒸笼，旺火蒸透。上桌时连竹蒸笼一起，笼盖一揭，热气腾腾，浓烈香气扑鼻，鲜爽辣味而来，令人口舌生津，胃口大开。

后来，“四星望月”被称为“天下第一菜”。中华人民共和国成立后，毛泽东历次回江西，都要点这道菜。兴国县这道客家风味菜，还进入中南海的国宴席，载入了中国名菜谱，作为红色饮食文化的代表享誉全国。

红色饮食文化不仅是精神财富，也成为当代新美食开发的创意。1930 年秋，承担中央红军军需后勤的红军腌菜厂，制作了麻辣酱、萝卜干、小菜、豆豉鱼干等。在当时缺衣少食的境况下，1931 年 11 月在瑞金召开的第一次全国苏维埃代表大会上，这些食物成为大会代表用餐的唯一指定佐料。会上，宣布成立中华苏维埃共和国临时中央政府，毛泽东当选为中央执行委员会主席。毛泽东一生嗜辣，在瑞金苏区革命时期，“油香辣子酱”是用膳必备。如今，江西据此开发了“长征牌”麻辣酱，采用传统工艺和现代科学配方精制而成。

红军焖鸭是瑞金的一道名菜，也是来自革命战争年代的菜肴。1933 年，红军女战士肖月华在江西瑞金与李德结婚。这位 20 岁出头的红军女战士，承担起了照顾共产国际派来的军事顾问李德的重任。由于李德喜欢吃鸭子，肖月华就养了一群麻鸭，经常煮鸭子给李德吃。一次，用来做菜的瓦罐坏了，肖月华只好临时用炖药的泥锅焖鸭子。鸭子熟后，肉香伴着微微的中药气味，沁人肺腑，令人垂涎。李德吃后，大加赞赏。此后，肖月华便一直用这只泥锅焖鸭子，并在鸭肚内塞进甘草、枸杞、党参等滋补中药，使鸭子既香嫩爽口，又有滋补作用。这种鸭子的做法，在瑞金逐渐传开。这种烹饪方法，是女红军肖月华所创，人们就管这道菜叫“红军焖鸭”。这道菜，因香醇润滑的口感和滋阴补肾的功效，成为瑞金最受宾客喜爱的菜肴之一。

当然，具有红色饮食文化基因的菜品，还有红薯丝饭和井冈山烟笋。红薯丝饭是从前井冈山山区的传统主食，当地流传着民谣：“薯丝饭，木炭火，除了神仙就是我。”这首民谣，反映了当年井冈山地区的清贫生活和山民的风趣淳朴。井冈山烟笋，是把鲜嫩爽脆的竹笋剥去外壳后，用木炭文火焙烤，熏制成黑褐色的笋干。无论是红薯丝饭还是井冈山烟笋，都有一个特点：只有配上肉，才能成为美食佳肴。今天，当我们吃着红薯丝饭，只会知道红薯的营养价值；吃着猪肉炒井冈山烟笋，只觉得肉味甘美，笋味绵长，而红军的艰苦卓绝已经融入历史的年轮！

赣菜文化的匆匆巡礼，时间是如此的短暂，内容却是格外丰富；感官的刺激是如此强烈，心灵的体悟却要慢慢回味！

让我们和赣菜建立起情感联系，对赣菜特色重新认识，对赣菜品牌产生认同！

让我们对赣菜食风细致了解，对赣菜技艺全面探讨，对赣菜文化深入挖掘与弘扬！

我们期待：每一个人都成为赣菜美食的享受者、赣菜佳肴的美食家、赣菜文化的传播者！

# 后记

《赣菜文化》的写作，纯粹是一次意外的安排。2022年4月，我接到来自江西的电话，邀请我撰写《赣菜文化》。我感到突然，也有些愕然：我不懂烹饪，也不是美食家，只是一个“吃货”，一个美食的享受者与欣赏者。

当然，早在20多年前，我撰写过10来万字的《五味人生——遥领风骚的中国饮食民俗》小册子，被收入《中国文化杂谈》；主编的《江西民俗》，有专门章节叙写江西饮食文化；还曾经为国家开放大学编著教材《茶宴与茶点》。如此看来，这些和赣菜文化也算是有一些交集与渊源。正好借此机会，逼着自己把赣菜及其文化的体验进行梳理，也不失为一次“门外谈赣菜”的总结。于是，经过最初的踟蹰，还是接受了任务。

如今，《赣菜文化》书稿完成，虽然不尽如人意，毕竟为赣菜发展与赣菜文化传播贡献了一点心力，总算聊以自慰。这份粗糙的答卷，深感尚不成熟，期待行家里手的指点，也期盼赣菜的享受者和关心者提供意见与建议！

本书得以写作完成与精美出版，是集体的智慧与力量。在此，衷心感谢《江西文化符号丛书》编委会对我的信任与鞭策、江西出版集团的审读与指导、江西美术出版社的支持与帮助，感谢每一位参与丛书的工作人员的辛勤付出！

本书参考了饮食文化与烹饪技艺、民俗文化与赣菜菜谱等方面的著作、论文与文章，因著作体例，未能一一标注。

本书照片，除自己拍摄之外，江西画报社提供了精美图片，曾添媛、李捷、赖蓓蓓、刘凤英等专门拍摄了照片，使之图文并茂、光彩倍增。

时光知味，岁月沉香。

不论在异国他乡，还是远赴外地，江西游子总是忘不了赣菜的味道。这是口味嗜好，更是乡土情怀！

如今，赣菜在继承传统的基础上，正在努力进行新的创造与发展。在全国许多地方，已经有了赣菜与赣菜文化的靓丽身影。

假以时日，走遍世界各地，应该也能品尝到赣菜的美味佳肴。海外的游子们，将能尽情感受家乡的味道。

符合当代健康饮食、科学饮食、快乐饮食潮流的赣菜及其文化，有无限发展的活力与可能。对此，我们充满信心！

余　风

2022 年 11 月

图书在版编目（CIP）数据

赣菜文化 / 余风著 . -- 南昌 : 江西美术出版社 :
江西人民出版社，2023.3（2024.11 重印）
（江西文化符号丛书）
ISBN 978-7-5480-9303-9

Ⅰ . ①赣… Ⅱ . ①余… Ⅲ . ①饮食－文化－江西
Ⅳ . ① TS971.202.56

中国国家版本馆 CIP 数据核字 (2023) 第 020136 号

出 品 人　刘　芳
项目统筹　方　姝
责任编辑　姚屹雯　叶　启
数字编辑　陈冬华
责任印制　吴文龙　谭　勋
书籍设计　梅家强　胡文欣　先鋒設計 PIONEER DESIGN
新媒体制作　江西中文传媒数字出版有限公司

江西文化符号丛书
赣 | 菜 | 文 | 化
JIANGXI WENHUA FUHAO CONGSHU
GANCAI WENHUA

著　者：余　风
出　版：江西美术出版社　江西人民出版社
地　址：南昌市子安路 66 号
邮　编：330025
电　话：0791-86565819
网　址：www.jxfinearts.com
经　销：全国新华书店
印　刷：浙江海虹彩色印务有限公司
版　次：2023 年 3 月第 1 版
印　次：2023 年 3 月第 1 次印刷　2024 年 11 月第 2 次印刷
开　本：710 mm×1000 mm 1 / 16
印　张：15.25
ISBN 978-7-5480-9303-9
定　价：76.00 元


赣版权登字 -06-2023-01